AF586169

SOLUTIONS RAISONNÉES

DES

PROBLÈMES

CONTENUS DANS LE FORMULAIRE DE GÉOMÉTRIE,

AVEC LES RÉPONSES.

AVIS.

—

SOLUTIONS RAISONNÉES

DES

PROBLÈMES

CONTENUS DANS LE

FORMULAIRE DE GÉOMÉTRIE PRATIQUE

DE

GARNIER,
Professeur de Mathématiques,

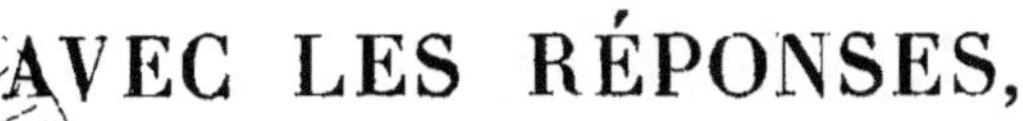

AVEC LES RÉPONSES,

PAR

Le même Auteur.

PRIX : cartonné, 2 fr. 75.

PARIS,
LIBRAIRIE DE L. HACHETTE ET Cie,
RUE PIERRE-SARRAZIN, N° 14.

1861.

SOLUTIONS RAISONNÉES

DES

PROBLÈMES

CONTENUS DANS LE FORMULAIRE DE GÉOMÉTRIE,

AVEC LES RÉPONSES.

PREMIÈRE PARTIE.

DIVISION GRAPHIQUE DES FIGURES.

§ 1er. Division de la Ligne droite (*N° 196*).

Nota. — Les numéros renfermés entre parenthèses à la fin des paragraphes renvoient au *Formulaire de Géométrie* pour les Règles.

1-5. — Les réponses aux problèmes de ce paragraphe se trouvent naturellement dans les Règles données au N° 196 du *Formulaire*.

§ 2. Division d'un Angle (*N° 197*).

6-10. — Les Règles indiquées au N° 197 du *Formulaire* donnent les réponses aux problèmes de ce paragraphe.

§ 3. Division d'un Arc (*N° 198*).

11-15. — Les réponses aux problèmes de ce paragraphe se trouvent dans la Règle du N° 198 du *Formulaire*.

§ 4. Division de la Circonférence (*N° 182*).

16-21. — Les problèmes de ce paragraphe ont leurs réponses dans la Règle générale du N° 182 du *Formulaire*.

§ 5. Division d'un Triangle (*Nos 201, 202, 203*).

22. — Partagez la base en deux parties égales, et joignez le point de division au sommet du triangle.

23-24. — Réponses analogues à la précédente.

25. — Partagez la base en 4 parties proportionnelles aux nombres 2, 3, 5 et 9, et menez des divisoires au sommet.

Vous aurez ainsi :

1re partie $= \dfrac{\text{Base} \times 2}{19}$,	3e partie $= \dfrac{\text{Base} \times 5}{19}$,
2e d° $= \dfrac{\text{Base} \times 3}{19}$,	4e d° $= \dfrac{\text{Base} \times 9}{19}$.

26. — Convertissez les deux nombres fractionnaires en expressions fractionnaires, et réduisez les 3 nombres donnés au même dénominateur, puis opérez avec les numérateurs sur la base, comme au N° précédent.

27. — Réponse analogue à la précédente.

28. — Ramenez par un calcul préparatoire les 5 rapports donnés à 5 nombres dont les 4 derniers soient directement liés au premier.

A cet effet, disposez vos calculs comme suit, en opérant d'après la méthode de l'unité :

1° Mise en rapport.

La 1re partie EST A la 2e :: **7 : 4**,

La 2e d° d° 3e :: **5 : 8**, et à la 5e :: **17 : 12**,

La 3e d° d° 4e :: **6** $\frac{1}{2} = \frac{13}{2}$ **: 9.**

2° Raisonnement.

La 1re partie ayant 1, la 2e aura $\dfrac{4}{7}$,

La 2e partie ayant $1 = \dfrac{7}{7}$, la 3e aura $\dfrac{8}{5}$, et la 5e, $\dfrac{12}{17}$,

d° $\dfrac{1}{7}$, d° $\dfrac{8}{5 \times 7}$, d° $\dfrac{12}{17 \times 7}$,

d° $\dfrac{4}{7}$, d° $\dfrac{8 \times 4}{5 \times 7} = \dfrac{32}{35}$, d° $\dfrac{12 \times 4}{17 \times 7} = \dfrac{48}{119}$,

La 3e partie ayant $\dfrac{1}{2}$, la 4e aura $\dfrac{9}{13}$,

d° $\dfrac{2}{2} = 1 = \dfrac{35}{35}$, d° $\dfrac{9 \times 2}{13}$,

d° $\dfrac{1}{35}$, d° $\dfrac{9 \times 2}{13 \times 35}$,

d° $\dfrac{32}{35}$, d° $\dfrac{9 \times 2 \times 32}{13 \times 35} = \dfrac{576}{455}$.

Les 5 rapports donnés sont donc respectivement remplacés par les 5 nombres 1, $\dfrac{4}{7}$, $\dfrac{32}{35}$, $\dfrac{576}{455}$ et $\dfrac{48}{119}$, et la question revient actuellement à partager la base du triangle en 5 parties proportionnelles à ces 5 nombres, puis à mener les divisoires au sommet du triangle. Pour cela, opérez comme il est dit au problème **26**.

§ 6. Division d'un Quadrilatère régulier (*N° 204*).

29-33. — Ces problèmes trouvent leurs réponses dans les Règles du N° 204 du Formulaire.

34. — Opérez comme au problème **25**.

35. — Opérez comme au problème **28**.

§ 7. Division d'un Trapèze (*N° 205*).

36-38. — Partagez les deux bases successivement en 2, 3 et 5 parties égales, et menez les divisoires.

39. — Partagez les deux bases en 3 parties proportionnelles aux nombres 2, 5 et 9, et menez les divisoires.

40. — Partagez les deux bases en deux parties prop[lles] aux deux termes du rapport $\frac{7}{5}$, et menez les divisoires.

41. — Opérez sur les deux bases comme au problème **26**.

DEUXIÈME PARTIE.

SURFACES PLANES.

§ 8. Problèmes sur le Triangle (*N° 207*).

Nota. — Au sujet de ce paragraphe, nous rappellerons les propriétés du triangle rectangle, N° 94 du *Formulaire.*

42. — Réponse : Superficie $= \frac{3,15 \times 2,10}{2} = 3^{\text{m.car}},30\ 75.$

43. — Réponse : Superficie $= \frac{42,17 \times 25,55}{2} = 538^{\text{m.car}},72\ 17.$

44. — Réponse : Superficie $= \frac{0,70 \times 0,35}{2} = 0^{\text{m.car}},12\ 25.$

45. — Réponse : Hauteur $= \frac{36,15 \times 2}{2,90} = 25^{\text{m}},27.$

46. — Réponse : Base $= \frac{11475 \times 2}{8,50 \times 27} = 10^{\text{m}},00.$

47. — La somme des 3 côtés $= 22,50 + 9,15 + 18 = 49,65$. Donc,

$$\text{Réponse : Superficie} = \sqrt{\left(\frac{49,65}{2} - 22,50\right)\left(\frac{49,65}{2} - 9,15\right)\left(\frac{49,65}{2} - 18\right) \times \frac{49,65}{2}} = 78^{\text{m.car}},57.$$

48. — Réponse : Superficie $= \frac{24,45 \times 18,30}{2} = 223^{\text{m.car}},71\ 75.$

49. — Réponse : Valeur $= \frac{16,25^2 \times 8 \times 12}{5 \times 2} = 2535^{\text{fr}},00.$

50. — Réponse : Superficie $= \frac{10,00 \times 6,15}{2} = 30^{\text{m.car}},75.$

51. — Réponse : Hauteur $= \sqrt{20^2 - 8,15^2} = 15^{\text{m}},28.$

52. — Réponse : Hypoténuse $= \sqrt{12^2 + 7^2} = 13^{\text{m}},88.$

53. — Réponse : Longueur de chaque côté $= \sqrt{\frac{5^2}{2}} = 3^{\text{m}},53.$

54. — d° Côté $= \frac{101,20 \times 2}{12} = 16^{\text{m}},86.$

55. — d° Hypoténuse $= \sqrt{12^2 + 7,50^2} = 14^{\text{m}},15.$

56. — 1re Réponse : Superficie $= \frac{24,50 \times 10}{2} = 122^{\text{m.car}},50.$

2e Réponse : Longueur $= \sqrt{\left(\frac{24,50}{2}\right)^2 + 10^2} = 15^{\text{m}},81.$

57. — Ce problème divise le triangle isoscèle en 2 triangles rectangles égaux, et dont les hypoténuses sont les 2 côtés égaux du triangle donné.

On a d'abord : Hauteur $= \frac{705,80 \times 2}{70,58} = 20^{\text{m}},00.$ Donc,

Réponse : Longueur cherchée $= \sqrt{\left(\frac{70,58}{2}\right)^2 + 20^2} = 40^{\text{m}},56.$

58. — La somme des côtés $= 30$, dont la moitié $= 15$, et chaque reste, 5. Donc,

Réponse : Superficie $= \sqrt{5^3 \times 15} = 43^{\text{m.car}},30.$

59. — Réponse : Hauteur $= \frac{692,80 \times 2}{40} = 34^{\text{m}},69.$

60. — Réponse : Superficie $= \frac{12 \times 10,39}{2} = 62^{\text{m.car}},34.$

61. — La hauteur d'un triangle équilatéral le partage en 2 triangles rectangles égaux ayant chacun pour hypoténuse un côté de ce triangle.

On a donc pour Réponse :

Hauteur $= \sqrt{20^2 - 10^2} = 17^{\text{m}},32.$

Nota. — Pour tous les problèmes de ce genre, voyez, pour abréger les calculs, l'observation à la page 200 du *Formulaire*, 13e et 14e ligne.

62. — On a d'abord :
$$\begin{cases} 1^{er} \text{ Côté} = \sqrt{2317 \times 2} = 68^m,07, \\ 2^e \text{ Côté} = \sqrt{1352 \times 2} = 52^m,00, \\ 3^e \text{ Côté} = \sqrt{450 \times 2} = 30^m,00. \end{cases}$$
Total $= 150^m,07$. Donc,

R. Superficie $= \sqrt{(75,035 - 68,07)\,(75,035 - 52)\,(75,035 - 30) \times 75,035} = 737^{m.car},85$.

63. — Puisque deux triangles de même base sont entre eux comme leur hauteur, on a :

R. Rapport $= \dfrac{8,15}{23,72} = \dfrac{815}{2372}$, c'est-à-dire que le 1er *est au* second *comme* 815 *est à* 2372.

64. — R. Rapport $= \dfrac{25,12 \times 7,15}{19,35 \times 47,84} = \dfrac{179,608}{925,704} = \dfrac{179608}{925704}$.

65. — Les 3 côtés donnent pour superficie au triangle $210^{m.car},27$. Donc,

R. Hauteur $= \dfrac{210,27 \times 2}{35} = 12^m,01$.

66. — *Nota.* — Voyez le Nota et la solution du problème **61**.

R. Hauteur $= \sqrt{0,85^2 - 0,425^2} = 0^m,73$.

67. — La similitude des triangles donne d'abord la proportion :

$9 : x$ (la parallèle) $:: 20 : 12$; d'où $x = \dfrac{9 \times 12}{20} = 5^m,40$. Donc,

R. Hypoténuse demandée $= \sqrt{12^2 + 5,40^2} = 13^m,16$.

68. — La nature du triangle donne $b = h$. Mais $\dfrac{b \times h}{2}$ ou $\dfrac{h^2}{2} = 60,50$. Donc, on a pour Réponse :

Base $= \sqrt{60,50 \times 2} = 11^m,00 =$ Hauteur.

69. — La nature du triangle donne, comme au problème précédent, $b = h$. Donc, on a pour Réponse :

1° Base $= \sqrt{234,58 \times 2} = 21^m,66 =$ Hauteur.

2° Hypoténuse $= \sqrt{21,66^2 \times 2} = 30^m,63$.

§ 9. — Problèmes sur le Carré (*N° 208*).

70. — R. Superficie $= 11,20^2 = 125^{m.car},44$.

71. — R. Côté $= \sqrt{756,25} = 27^m,50$.

72. — D'après la *Rem. II* du *N° 208*, page 101, on a pour Réponse :

Superficie $= \dfrac{14,15^2}{2} = 100^{m.car},01\ 12$.

Nota. — On pourrait encore obtenir la même réponse, en cherchant le côté du carré comme cela est indiqué Rem. III, N° 208 du *Formulaire*.

73. — Le carré de la diagonale étant égal à la somme des carrés faits sur deux côtés du carré, et la superficie étant le produit d'un côté par lui-même, on a pour Réponse :

$$\text{Diagonale} = \sqrt{\frac{1031,41}{2}} = 22^{\text{m}},69.$$

74. — R. Portion de chacun $= \frac{3920}{12} : 3 = 108^{\text{ar}},88.$

75. — D'après la solution du problème 73, on a pour Réponse :

$$\text{Côté} = \sqrt{\frac{84,35^2}{2}} = 59^{\text{m}},64.$$

76. — R. Développement extérieur $= \sqrt{2875,45} \times 4 = 214^{\text{m}},48.$

77. — Cette ligne est évidemment la moitié du côté. Donc,

R. Superficie $= (35,15 \times 2)^2 = 4942^{\text{m.car}},09.$

78. — En menant deux lignes du centre d'un carré aux extrémités d'un même côté, on forme un triangle rectangle isoscèle dont le côté du carré est l'hypoténuse. (Voyez le *Nota* du *N° 104* du ***Formulaire.***) Donc,

R. Superficie $= \frac{3,45^2}{2} = 5^{\text{m.car}},95\,17.$

79. — D'après la solution du problème précédent, on a pour Réponse :

$$\text{Superficie} = 3025 \times 2 = 6050^{\text{m.car}},00.$$

80. — R. Côté $= \sqrt{\frac{12100}{2}} = 77^{\text{m}},78.$

81. — Un triangle rectangle isoscèle étant la moitié d'un carré, les côtés de l'angle droit sont aussi les côtés de ce carré. Donc,
Réponse. Côté $= 8^{\text{m}},15.$

82. — R. Côté $= \sqrt{\frac{0,93 \times 10}{2}} = 2^{\text{m}},15.$

83. — 1re R. Côté $= \sqrt{\frac{100}{4}} = 5.$

2e R. Diagonale $= \sqrt{5^2 \times 2} = 7^{\text{m}},07.$

84. — Cette question constitue un triangle rectangle isoscèle dont l'angle droit a pour côtés les deux demi-diagonales, et pour hypoténuse, le côté du carré.

R. Côté $= \sqrt{200} = 14^{\text{m}},14.$

85. — Cette deuxième puissance représente le carré d'un côté de l'angle droit d'un triangle rectangle isoscèle. Donc,

R. Superficie $= \frac{412,09}{2} = 206^{\text{m.car}},0450.$

86. — La superficie de ce triangle $=\sqrt{18,75^3 \times 56,25} = 608^{m.car},92$. Donc,

R. Côté du carré $= \sqrt{608,92} = 24^{m},68$.

87. — R. Rapport du 1er au second $= \dfrac{23,16^2}{5,79^2} = \dfrac{119,5056}{33,5241} = \dfrac{1.195.056}{335.241}$.

Nota. — Le rapport du second au 1er serait donné par l'expression fractionnaire renversée.

88. — R. Rapport du 1er au second $= \dfrac{7^2}{1^2} = \dfrac{49}{1} = 49$.

Nota. — On aurait le rapport du second au 1er en renversant l'expression fractionnaire.

89. — R. Rapport du 1er au second $= \dfrac{2^2}{3^2} = \dfrac{4}{9}$.

Nota. — Le rapport du second au 1er serait $\dfrac{9}{4}$.

90. — 1° Superficie du triangle $= \dfrac{375,40 \times 123,43}{2} = 23167^{m.car},81$;

2° Superficie du carré $= \dfrac{108^2}{2} = 5832^{m.car},00$. Donc,

R. Rapport demandé $= \dfrac{23167,81}{5832} = \dfrac{2.316.781}{583.200}$.

91. — 1° Superficie du triangle $= \dfrac{3^2}{7^2} = \dfrac{9}{49}$ de mètre carré;

2° Superficie du carré $= 0,92^2 = \dfrac{8464}{10000}$ d°;

3° Rapport entre les 2 carrés $= \dfrac{9}{49} : \dfrac{8464}{10000} = \dfrac{90.000}{414.736}$.

Donc,

R. Les 2 nombres entiers demandés sont 90.000 et 414.736.

§ 10. Problèmes sur le Rectangle (N° 209).

92. — R. Superficie $= 45,05 \times 8,15 = 367^{m.car},15\ 75$.

93. — R. Hauteur $= \dfrac{824,58}{45,13} = 18^{m},27$.

94. — La diagonale d'un rectangle étant l'hypoténuse d'un triangle rectangle dont les côtés de l'angle droit peuvent être pris pour les dimensions de ce triangle, on a pour Réponse :

$$\text{Diagonale} = \sqrt{\left(\frac{2543,15}{83,50}\right)^2 + 83,50^2} = 40^{m},31.$$

95. — D'après la solution du problème précédent, on a pour Réponse :

$$\text{Base} = \sqrt{95,38^2 - 10^2} = 94^{m},85.$$

96. — R. Diagonale $= \sqrt{(43,25 + 29,10)^2 + 43,25^2} = 84^{m},29$.

97. — Les dimensions du rectangle sont ici les côtés de l'angle droit d'un triangle rectangle ayant pour hypoténuse cette diagonale. De plus, d'après les conditions du problème, si l'on retranche **1244** du carré de la diagonale **3844**, il est clair que le reste représentera le double du carré de la hauteur; et le carré de la base sera la différence entre celui de la hauteur et 3844. Donc,

R. 1° Hauteur $= \sqrt{\frac{3844 - 1244}{2}} = 33^{m},66$.

2° Base $= \sqrt{2544} = 50^{m},43$.

98. — R. Les *mêmes,* puisque tout triangle rectangle est la moitié d'un rectangle ayant même base et même hauteur.

99. — D'après ce qui vient d'être dit, cette *hauteur* est la moitié de $222,33 = 111^{m},165$.

100. — D'après les propriétés mentionnées au N° 104 du *Formulaire,* on a :

R. 1° Carré de la diagonale $= \frac{386}{2} = 193^{m},00$.

2° Longueur d° $= \sqrt{193} = 13^{m},93$.

101. — D'après ces mêmes propriétés, on a :

R. Somme $= 80,15^2 \times 2 + 50,30^2 \times 2 = 17908,22$.

102. — R. Rapport $= \frac{7,30 \times 3,45}{24,15^2} = \frac{25,185}{583,2225} = \frac{251.850}{5.832.225}$.

103. — R. Dans le rapport de 2 à 1.

104. — R. Dans le rapport de 1 à 10, c'.-à-d. que le rectangle *est au* carré *comme* 1 à 10.

105. — R. Dans le rapport de 1 à 2.

106. — R. Superficie $= 24,40 \times 62,35 = 1521^{m.car},34$.

107. — R. Base $= \sqrt{88,35^2 - 36,50^2} = 80^{m},45$.

108. — R. Superficie $= 34,25 \times 30,45 = 1042^{m.car},91\,25$.

109. — R. Base $= \frac{634,2740}{23,45} = 27^{m},05$.

110. — R. Hauteur $= \frac{5,3254}{3,87} = 1^{m},38$.

111. — Erratum au problème N° 111. Au lieu de *524m,30,* lisez : *24m,30.*

D'abord, la superficie du carré $= \frac{24,30^2}{2} = 295^{m.car},24\,50$. Donc,

R. Hauteur $= \frac{295,2450}{28,44} = 10^{m},38$.

112. — R. Nombre de fois $= \frac{367 \times 154,15}{0,95^2} = 62684$ fois $+ \frac{7400}{9025}$.

113. — Les deux diagonales d'un losange divisent cette figure en 2 triangles égaux ayant pour base commune une de ces diagonales, et chacun pour hauteur la moitié de l'autre diagonale. Donc,

R. Superficie $= \frac{62,20 \times 45,40}{2} = 1411^{m.car},94.$

Nota. — Voyez d'ailleurs la Rem. II, au N° 209 du *Formulaire.*

114. — D'après les propriétés énoncées au N° 104 du *Formulaire*, on a :

R. Côté $= \sqrt{\frac{2624}{4}} = 25^m,57.$

115. — L'on peut considérer les moitiés des deux diagonales comme les côtés de l'angle droit d'un triangle rectangle dont l'hypoténuse est le côté du losange. Donc,

R. Côté $= \sqrt{1000} = 31^m,62.$

116. — R. Côté $= \frac{108,15}{2} = 54^m,075.$

117.— 1° La superficie du losange $= 3200 \times 30,15 = 96.480^{m.car},00;$

2° La superficie du carré $= \frac{3200^2}{2} = 5.120.000.$ Donc,

R. Rapport entre le losange et le carré $= \frac{96.480}{5.120.000} = \frac{9.648}{512.000}.$

118. — R. Rapport du losange au triangle $= 8$, puisque pour le triangle on divise la hauteur ou le produit par 2, et que $\frac{1}{4} : 2 = \frac{1}{8}.$

§ 12. Problèmes sur le Parallélogramme (*N° 209*).

119. — R. Superficie $= 36,85 \times 23,55 = 867^{m.car},81\ 75$

120. — R. Base $= \frac{405,04}{14,75} = 27^m,46.$

121. — R. Hauteur $= \frac{2344,4444}{58,88} = 39^m,82.$

122. — La base étant la même, la hauteur est nécessairement aussi la même. Donc,

R. Hauteur $= \frac{613,7564}{43,25} = 14^m,19.$

123. — R. Base $= \frac{83,33}{2} = 41^m,665.$

124. — La somme des côtés $= 90$; la demi-somme $= 45$; les restes sont 25, 15 et 5. Donc,

R. Superficie $= \sqrt{25 \times 15 \times 5 \times 45} = 290^{m.car},47.$

125. — R. Superficie $= \frac{73,15 \times 44,55}{2} = 1629^{m.car},41\ 62.$

126. — R. Somme = 3145, c'est-à-dire la même. Voyez *No 104* du *Formulaire.*

127. — 1° 578 — 132,79 = 445,21 (deux fois le carré de la petite diagonale); 2° $\frac{445,21}{2} = 222,6050$ (le carré de la petite diagonale); 3° 578 — 222,6050 = 355,3950 (le carré de la grande diagonale). Donc,

R. 1° Petite diagonale $= \sqrt{222,6050} = 14,90$;

2° Grande diagonale $= \sqrt{355,3950} = 18,31$.

128. — D'après les propriétés énoncées au N° 104 du *Formulaire,* on a :

R. Somme $= (25,10^2 + 12,40^2) \times 2 = 1567,54$.

129. — R. Rapport demandé $= \frac{10,50}{\frac{1}{2}\, 3,30} = \frac{10,50 \times 2}{3,30} = \frac{210}{33}$.

130. — R. Nombre de fois $= \frac{20,25 \times 16}{18^2} =$ une fois.

131. — R. Rapport demandé $= \frac{1}{2}$ de $\frac{3}{16} = \frac{3}{32}$.

§ 13. Problèmes sur le Trapèze (*No 210*).

132. — R. Superficie $= \frac{(8,15 + 5,20) \times 3,35}{2} = 22^{m.car},36\,12$.

133. — Erratum au problème N° 133. Au lieu de *les bases ont 45m,00 et 62m,50,* lisez : *la hauteur a 45m,00.*

La ligne qui joint les milieux des côtés non parallèles étant moyenne entre les 2 bases, on a :

R. Superficie $= 32,85 \times 45 = 1478^{m.car},25$.

134. — Ce côté commun étant la hauteur, on a :

R. Superficie $= \frac{(6,15 + 4,50) \times 10}{2} = 53^{m.car},25$.

135. — R. Somme $= \frac{358,8275 \times 2}{15,10} = 47^{m},53$.

136. — 1° $\frac{43,50 \times 2}{6} = 14,50$ (la somme des 2 bases); 2° 14,50 — 5,50 = 9,00 (deux fois la petite base). Donc,

R. 1° Petite base $= \frac{9}{2} = 4^{m},50$;

2° Grande base $= 4,50 + 5,50 = 10^{m},00$.

137. — 1° $\frac{400,40 \times 2}{8,80} = 91,00$ (somme des 2 bases); 2° 5 + 2 = 7 (total des nombres). Donc,

R. 1° Grande base $= \frac{91 \times 5}{7} = 65^{m},00$;

2° Petite base $= \frac{91 \times 2}{7} = 26^{m},00$.

138. — R. Ligne $= \frac{50,10 + 23,40}{2} = 36^{m},75$.

139. — La Somme des côtés $= 20,30 \times 3 = 60,90$, et chaque reste, **10,15**. Donc,

R. Superficie $= \sqrt{10,15^3 \times 30,45} = 178^{m.car},44$.

140. — L'autre côté de l'angle droit $= \sqrt{123,75^2 - 92,45^2} = 82^{m},26$; la Superficie du triangle $= \frac{92,45 \times 82,26}{2} = 3802^{m.car},46\ 85$. Donc,

R. Somme des bases $= \frac{3802,4685 \times 2}{30} = 253^{m},50$.

141. — R. Côté $= \sqrt{\frac{(1,05 + 11,22) \times 1,05}{2}} = 2^{m},54$.

142. — Rapport demandé $= \frac{(1,05 + 6,40) \times 5,90}{2} : 24,15 \times 7,58$

$\left[= \frac{488.225}{1.895.775}\right.$.

143. — R. Rapport du plus grand au plus petit $= 11 \times 11 = 121$.

144. — Les dimensions du trapèze droit multipliées par $\frac{3}{7}$ donnent celles du trapèze oblique. Donc, en représentant les premières par 1, les secondes seront $\frac{3}{7}$. Donc, d'après le N° 267 du *Formulaire*,

R. Rapport du trapèze droit au trapèze oblique $= \frac{1^1}{\left(\frac{3}{7}\right)^2} = \frac{49}{9}$.

§ 14. Problèmes sur le Polygone régulier (*N° 211*).

145. — R. Superficie $= \frac{24,84 \times 3,86}{2} = 47^{m.car},94\ 12$.

146. — R. Superficie $= \frac{6^2 \times 5,20}{2} = 93^{m.car},60$.

147. — R. Périmètre $= \frac{259,80 \times 2}{8,66} = 60^{m},00$.

148. — R. Apothème $= \frac{2338,20 \times 2}{180} = 25^{m},97$,

149. — R. Périmètre $= 22,15 \times 7 = 155^{m},05$.

150. — R. Superficie $= \frac{2,07 \times 12 \times 3,86}{2} = 47^{m.car},94\ 12$.

151. — Si du centre de ce polygone on mène une droite sur le milieu et à l'extrémité d'un même côté, on forme un triangle rectangle dont on connaît deux côtés. (Voyez ***Remarque I, No 184*** du ***Formulaire***). Donc,

R. Apothème $= \sqrt{15,60^2 - 7,80^2} = 13^m,51$.

152. — Cet apothème forme avec le côté de l'octogone inscrit 2 triangles rectangles qui sont égaux comme ayant l'hypoténuse égale (le rayon) et un côté égal (la $1/2$ du côté cherché). Donc, déterminez le côté de l'octogone inscrit comme au problème 174, et vous aurez pour Réponse :

Apothème $= \sqrt{6^2 - 2,28^2} = 6^m,42$.

153. — Ce rayon est l'hypoténuse d'un triangle rectangle dont deux côtés sont connus. Donc,

R. Rayon $= \sqrt{15^2 + 25,98^2} = 30,00$, à — de 0,01 près.

154. — R. Rayon $= \sqrt{1,035^2 + 3,86} = 4^m,00$, à — de 0,01 près.

155. — Ces rayons sont ici les apothèmes des polygones. Donc,

R. Rapport demandé $= \frac{4^2}{12^2} = \frac{16}{144}$.

156. — Rapport du 1er au second $= \frac{7^2}{3^2} = \frac{49}{9}$.

157. — R. Le *même* qu'entre les côtés, c'est-à-dire $\frac{12,40}{18,60} = \frac{124}{186}$.

158. — R. Rapport demandé = 15, attendu que les autres facteurs des superficies sont communs.

159. — La mesure de ce polygone étant $= P \times \frac{A}{2}$ ou, pour ce problème, $C \times 11 \times \frac{A}{2}$, et celle de ce rectangle, à $B \times H$ ou $C \times \frac{A}{3}$, on a :

R. Rapport demandé $= \frac{3}{2} \times 11 = \frac{33}{2}$.

160. — Ce polygone a pour mesure $C \times 16 \times \frac{A}{2}$, et le triangle, $C \times \frac{1}{2}\ \frac{5A}{12}$. Donc,

R. Rapport cherché $= \frac{C \times 16 \times A \times 24}{2 \times C \times 5 \times A} = \frac{384}{10}$.

§ 15. Problèmes sur le Polygone irrégulier (*No 212*).

161 — R. Superficie $= 757,0125 + 31890,1750 + 2378,1875$
[$= 35025^{m.car},37\ 50$.

162. — R. Superficie $= 1434,8928 + 954,6250 + 649,79 =$ [$3039^{m.car},30\,78$.

§ 16. Problèmes sur le Cercle, le Diamètre, la Circonférence, le côté d'un Polygone régulier inscrit. *Nos 214, 215, 216.*

Formules générales du Cercle : $S = \begin{cases} 1^o\ \dfrac{\text{Circ.} \times R}{2}; \\ 2^o\ R^2 \times 3,14; \\ 3^o\ \text{Circ.} \times D; \\ 4^o\ D^2 \times 3,14; \\ 5^o\ \dfrac{\text{Circ.}^2}{12,56}. \end{cases}$

163. — R. Superficie $= \dfrac{24,15^2}{4} = 145^{m.car},80\,56$.

164. — R. Circonférence $= 19,25 \times 2 \times 3,14 = 120^m,89$.

165. — R. Rayon $= \dfrac{32,20}{3,14 \times 2} = 5^m,13$.

166. — R. Diamètre $= \dfrac{0,92}{3,14} = 0^m,29$.

167. — R. Superficie $= \dfrac{10,05 \times 1,60}{2} = 8^{m.car},04$.

168. — R. Superficie $= 6,50^2 \times 3,14 = 132^{m.car},66\,50$.

169. — R. Superficie $= \dfrac{23,24 \times 7,40}{4} = 42^{m.car},99\,40$.

170. — R. Superficie $= \dfrac{58,72^2 \times 3,14}{4} = 2706^{m.car},71\,01$.

171. — R. Superficie $= \dfrac{416,05^2}{12,56} = 13781^{m.car},65\,62$.

172. — Le côté de ce carré inscrit est l'hypoténuse d'un triangle rectangle dont les côtés de l'angle droit sont connus. Donc,

R. Côté cherché $= \sqrt{5^2 \times 2} = 7^m,07$.

173. — Le côté de cet hexagone est égal au rayon. Donc,

R. Côté demandé $= \dfrac{40,50}{3,14 \times 2} = 6^m,45$.

174. — On a d'abord : Rayon du cercle $= \sqrt{\dfrac{354,04}{3,14}} = 10^m,61$.

Le côté de l'octogone inscrit est l'hypoténuse d'un triangle rectangle dont l'angle droit a pour côtés la $\frac{1}{2}$ du côté du carré inscrit et le rayon moins l'apothème de ce carré. Or, d'après le problème **172**, on a : Côté du carré $= \sqrt{10,61^2 \times 2} = 15^m,00$.

D'ailleurs, l'apothème du carré inscrit $= 7^m,50$ (moitié du côté de ce carré, puisque les deux angles opposés sont égaux). On voit aussi que le second côté de l'angle droit du triangle rectangle, qui a pour hypoténuse le côté cherché de l'octogone, est égal à $10,61 - 7,50 = 3,11$. Donc,

R. Côté cherché $= \sqrt{7,50^2 + 3,11^2} = 8^m,12$.

175. — R. Superficie $= 5,30^2 \times 3,14 = 88^{m.car},20\ 26$.

176. — R. Superficie $= \dfrac{4^2 \times 3,14}{4} = 50^{m.car},24$.

177. — R. Rayon $= \sqrt{\dfrac{7,24}{3,14}} = 1^m,51$.

178. — R. Diamètre $= \sqrt{\dfrac{310,20}{3,14}} \times 2 = \sqrt{\dfrac{310,20 \times 4}{3,14}} = 19^m,88$.

179. — Le rayon du cercle précédent $= \dfrac{19,88}{2} = 9,94$. Mais les cercles sont entre eux comme les carrés des rayons ou des diamètres, ce qui donne, pour ce problème, la proportion :

$9,94^2 \times 3,14 : \dfrac{9,94^2 \times 3,14}{3} :: 9,94^2 : x^2$ (le carré du rayon cherché).

D'où $x^2 = \dfrac{9,94^2 \times 3,14 \times 9,94^2}{3 \times 9,94^2 \times 3,14}$. Donc,

R. Rayon demandé $= \sqrt{\dfrac{9,94^2}{3}} = 5^m,74$.

180. — On a d'abord pour le diamètre l'expression $\sqrt{\dfrac{56,2545 \times 4}{3,14}}$ $= 8^m,46$, à — de 0,01 près ; ensuite, par la même raison qu'au problème précédent, on a la proportion :

$56,2545 : 56,2545 \times 4,50 :: 8,46^2 : x^2$ (le carré du diamètre cherché). Donc,

R. Diamètre demandé $= \sqrt{8,46^2 \times 4,50} = 17^m,94$, à — de 0,01 près.

181. — Du 5ᵉ procédé, page 107, on tire directement pour Réponse : Circonférence $= \sqrt{706,50 \times 12,56} = 94^m,20$.

Nota. — On arriverait au même résultat en calculant le rayon ou le diamètre.

182. — R. Superficie $= \dfrac{58,75^2 \times 3,14}{100} = 108$ ares 37 c.

183. — R. Valeur du pré $= \dfrac{74^2 \times 3,14}{4} \times \dfrac{15}{100} = 644^{fr},80$.

184. — R. Diamètre $\sqrt{\dfrac{0,25^2 \times 12000}{3,14}} \times 2 = 30^{m},90$.

185. — R. Somme due $= \dfrac{15,80^2 \times 2,60}{12,56} = 51^{fr},67$.

186. — R. Ils sont égaux, puisque le rayon du terrain $= \dfrac{62,80}{6,28} = 10^{m},00$.

187. — R. Nombre de tours $= \dfrac{40.000 \times 12}{0,75 \times 2 \times 3,14} = 101.910 + \dfrac{390}{471}$.

188. — R. Superficie $= 0,035^2 \times 3,14 = 0^{m.car},00\ 38\ 46$.

189. — R. Diamètre $= \sqrt{\dfrac{0,0144 \times 4}{3,14}} = 0^{m},13$.

190. — R. Superficie $= \dfrac{3,14^2}{12,56} = 0^{m.car},78\ 50$.

191. — Le côté d'un dodécagone inscrit est l'hypoténuse d'un triangle rectangle dont l'angle droit a pour côtés une partie du rayon ou une flèche et la moitié du côté de l'hexagone inscrit. Or, 1° Le côté de l'hexagone est égal au rayon $= 8^{m},30$; 2° Apothème de l'hexagone $= \sqrt{8,30^2 - 4,15^2} = 7^{m},18$; 3° Flèche $= 8,30 - 7,18 = 1,12$. Donc,

R. Côté cherché $= \sqrt{4,15^2 + 1,12^2} = 4^{m},30$.

192. — **Erratum** au problème 192. Au lieu de *polygone inscrit*, lisez : *carré inscrit*.

R. Côté $= \sqrt{6^2 \times 2} = 8^{m},48$.

193. — On a d'abord : Côté du carré inscrit $= \sqrt{12,40^2 \times 2} = 17,45$; et par un raisonnement analogue à celui du problème 172, on a : Côté de l'octogone $= \sqrt{8,77^2 + 3,63^2} = 9,48$, dont la $1/2 = 4,74$. Donc,

R. 1° Apothème du carré inscrit $= 8^{m},77$.

2° Apothème de l'octogone inscrit $= \sqrt{12,40^2 - 4,77^2} = 11^{m},45$.

194. — R. 1° Rapport des rayons (du 1er au 2e) $= \dfrac{301,44}{6,28} : \sqrt{\dfrac{1519,76}{3,14}} = \dfrac{48}{22}$.

2° Rapport des circonférences (de la 1re à la 2e) $= \dfrac{301,44}{22 \times 2 \times 3,14} = \dfrac{30.144}{13.816}$.

3° Rapport des superficies $= \dfrac{48^2}{22^2} = \dfrac{2304}{484}$.

195. — R. Rapport du 1er au second $= \frac{8,25^2}{41,25^2} = \frac{680.625}{17.015.625}$.

196. — R. Rapport $= \frac{15}{15} = 1$.

197. — Si le 1er diamètre vaut les $\frac{7}{15}$ du second rayon, il vaudra les $\frac{7}{30}$ du diamètre. Donc,

R. Rapport demandé $= \frac{7}{30}$, puisque les circonférences sont entre elles comme les diamètres.

198. — Erratum au N° 198. Au lieu de *triangle rectangle*, lisez : *triangle rectangle isoscèle.*

La superficie du triangle $= \frac{30^2}{4} = 112^{m.car},50$. Donc,

R. Rayon demandé $= \sqrt{\frac{112,50}{3,14}} = 5^m,99$.

199. — R. Circonférence $= \sqrt{56,45 \times 12,56} = 26^m,62$.

200. — R. Rayon $= \sqrt{\frac{60 \times 38}{2 \times 3,14}} = 19,06$.

201. — R. C'est le cercle : il a $3^{m.car},85\ 88$ de plus.

202. — R. 1° Le carré est plus grand, et il l'est des $\frac{43}{200}$ de sa surface.

La formule de la superficie du cercle étant $R^2 \times 3,14$, et celle du carré, C^2 ou $\left(\frac{C}{2}\right)^2 \times 4$, et $\frac{C}{2}$ étant ici $= R$, on a :

2° Rapport du cercle au carré $= \frac{R^2 \times 3,14}{R^2 \times 4} = \frac{314}{400} = \frac{157}{200}$.

Nota. — Voir d'ailleurs la Rem. II du N° 216, page 107 du *Formulaire*.

203. — D'après cette Remarque, la surface du carré vaut les $\frac{200}{157}$ de celle du cercle de même dimension. Donc,

R. Superficie du carré $= 824,85 \times \frac{200}{157} = 1050^{m.car},76\ 43$.

204. — D'après cette même Remarque, on a :

R. Superficie $= 445,55 \times \frac{157}{200} = 349^{m.car},75\ 67$.

§ 17. Problèmes sur le Secteur et sur son Arc
(*Nos 217 et 219*).

Formule générale pour le Secteur : S $= \frac{\text{Arc} \times 3}{2}$, **ou** $\frac{\text{Cerc.} \times \text{Angle}}{360}$.

Formule générale pour l'Arc : Arc $= \frac{2\ \text{Secteur}}{R}$, **ou** $\frac{\text{Circ.} \times \text{Angle}}{360}$.

205. — R. Superficie $= \frac{4,15 \times 8,20}{2} = 17^{m.car},01\ 50.$

206. — Circonférence du Cercle $= \sqrt{472,07 \times 12,56} = 77^{m},00.$ Donc,

R. Superficie $= \frac{472,07 \times 6,50}{77} = 39^{m.car},85.$

207. — R. Cercle $= \frac{3^2 \times 3,14 \times 74,25}{360} = 5^{m.car},82\ 86,$

208. — R. Superficie $= \frac{264,84 \times 140}{360} = 102^{m.car},99\ 33.$

209. — R. Le $^1/_{10}$ de celle du cercle $= 7^{m.car},23\ 30$, attendu que 36° sont le $^1/_{10}$ de 360°.

210. — R. Arc $= \frac{38,35 \times 2}{5} = 15^{m},34.$

211. — Circonférence $= \sqrt{108 \times 12,56} = 36,83$. Donc,

R. Arc $= \frac{36,83 \times 80\frac{40}{60}}{360} = 8^{m},28.$

212. — Erratum au N° 212. Au lieu de *150° 30'*, lisez : *$150^{m.car},30$*.

R. Superficie $= \frac{358,6538 \times 150,50}{360} = 149^{m.car},93\ 72.$

213. — La circonférence du cercle de rayon octuple $= \sqrt{\frac{113,04}{3,14}} \times 8 \times 2 \times 3,14 = 314^{m},50$. Donc,

R. Arc $= \frac{314,50 \times 90}{360} = \frac{314,50}{4} = 78^{m},62.$

214. — R. Rapport $= \frac{1}{8}$, puisque 45° sont le $\frac{1}{8}$ de 360°.

215. — R. Rapport $= \frac{20^2 \times 3,14 \times 65}{360} : \frac{5^2 \times 3,14 \times 65}{360} = \frac{20^2}{5^2} = 16.$

§ 18. Problèmes sur le Segment, sa Corde, son Arc et la Flèche. (*Nos 218, 220, 221 et 222*)

Formules générales :

1° pour le Segment : $S = \frac{R \times (2\ \text{Arc} - \text{Corde arc double})}{4}$,

ou Sect. — Triangle.

2° pour la Corde : $C = \frac{2\ \text{Triangle}}{H}$.

3° pour l'Arc : Arc = $\dfrac{\textbf{4 Segment} + \textbf{R} \times \textbf{Corde arc double}}{\textbf{2 R}}$.

4° pour la Flèche : F = $\dfrac{\textbf{R} \times \textbf{Corde} - \textbf{2 Triangle}}{\textbf{Corde}}$.

216. — R. Superficie $= \dfrac{4 \times \left(4{,}19 - \dfrac{6{,}92}{2}\right)}{2} = 1^{m.car},46$.

217. — ERRATUM au N° 217. Au lieu de *4m,00*, lisez : *4m,61, et le rayon, 3m,26.*

La superficie du triangle dont les 3 côtés sont connus $= 4^{m.car},72\ 59$. Donc,

R. Superficie du segment $= 8{,}3733 - 4{,}7259 = 3^{m.car},64\ 74$.

218. — En construisant le triangle du secteur, on trouve 30° pour l'angle au centre ; la circonférence du cercle a d'ailleurs $4 \times 2 \times 3{,}14 = 25^{m},12$. Donc,

R. Arc $= \dfrac{25{,}12 \times 30}{360} = \dfrac{25{,}12}{12} = 2^{m},09$.

219. — La formule (N° 218 du Formulaire) $S = \dfrac{R \times (2 \text{ Arc} - \text{Corde arc double})}{4}$ devient successivement $4\ S = R \times (2 \text{ Arc} - \text{Corde arc double})$; $\dfrac{4\ S}{R} = 2 \text{ Arc} - \text{Corde arc double}$; $\dfrac{4\ S}{4} + \text{Corde arc double} = 2 \text{ Arc}$; enfin, $\dfrac{4\ S}{R \times 2} + \dfrac{\text{Corde arc double}}{2} = \text{Arc}$. Donc,

R. Arc demandé $= \dfrac{0{,}1954 \times 4}{4 \times 2} + \dfrac{3{,}98}{2} = 2^{m},09$.

220. — R. Corde $= \dfrac{6{,}90 \times 2}{2} = 6^{m},90$, la corde étant ici la base du triangle.

221. — Les trois côtés du triangle étant connus, on a pour la superficie de ce triangle $3^{m.car},99\ 89$; et, en prenant la Corde pour base, on a pour hauteur $3^{m},86$. Mais cette hauteur et la flèche font ensemble le rayon. Donc,

R. Flèche $= 4 - 3{,}86 = 0^{m},14$.

222. — L'angle du secteur est ici un angle droit. Donc,

1re R. Rapport du secteur au cercle $= \dfrac{1}{4}$.

La corde est ici l'hypoténuse d'un triangle rectangle isoscèle dont les côtés de l'angle droit sont 2 rayons connus. Donc,

2e R. Corde du segment $= \sqrt{8^2 \times 2} = 11^{m},30$.

En raisonnant comme au problème précédent, on a :

3e R. Flèche $= 8 - 5{,}66 = 2^{m},34$.

§ 19. Problèmes sur la Couronne (*N° 223*).

Formule générale : Couronne = C — c.

223. — R. Superficie $= 7{,}20^2 \times 3{,}14 - 2^2 \times 3{,}14 = (7{,}20^2 - 2^2) \times 3{,}14 = 150^{m.car},21\ 76.$

224. — R. Superficie $= \dfrac{(17{,}20^2 - 4{,}50^2) \times 3{,}14}{4} = 216^{m.car},33\ 81.$

225. — R. Superficie du petit cercle $= 3^2 \times 3{,}14 - 25{,}12 = 3^{m.car},14.$

226. — R. Rayon $= \sqrt{\dfrac{75{,}36 + 3{,}14}{3{,}14}} = 5^{m},00.$

227. — La superficie du grand cercle $= 3^2 \times 3{,}14 + 22{,}02 = 50^{m.car},28$; et la largeur étant la différence des 2 rayons, on a :

R. Largeur $= \sqrt{\dfrac{50{,}28}{3{,}14}} - 3 = 1^{m},00.$

228. — R. Largeur $= \sqrt{\dfrac{12{,}56}{3.14}} - \sqrt{\dfrac{3{,}14}{3{,}14}} = 1^{m},00$

229. — R. Superficie $= 19{,}62\ 50 - \dfrac{6{,}28^2}{12{,}56} = 16^{m.car},48\ 50.$

230. — R. Largeur $= 1{,}20 - 0{,}60 = 0^{m},60.$

231. — R. Largeur $= \dfrac{18{,}88 - 6{,}59}{6{,}28} = 1^{m},96.$

232. — Le rayon du grand cercle $= \sqrt{\dfrac{18{,}95}{3{,}14}} + 5{,}15 = 7^{m},64.$ Donc,

R. Superficie $= 7{,}64^2 \times 3{,}14 - 18{,}95 = 164^{m.car},33\ 05.$

233. — R. Superficie $= \dfrac{(14{,}20^2 - 10{,}50^2) \times 3{,}14}{4} = 71^{m.car},74\ 11.$

234. — La superficie de la Couronne $= 8^{m},40^2 \times 3{,}14 - 3{,}30^2 \times 3{,}14 = 187^{m.car},36\ 38.$ Donc,

R. 1° Rapp. de la Cour^{ne} au petit cercle $= \dfrac{187{,}3638}{3{,}30^2 \times 3{,}14} = \dfrac{1.873.638}{341.946}.$

2° d° au grand cercle $= \dfrac{187{,}3638}{8{,}40^2 \times 3{,}14} = \dfrac{1.873.638}{2.215.584}.$

235. — R. Superficie $= \dfrac{(2{,}10^2 - 1{,}20^2) \times 3{,}14}{4} = 2^{m.car},33\ 14.$

236. — R. Il est dû $\dfrac{(7{,}35^2 - 1{,}30^2) \times 3{,}14 \times 1{,}20}{4} = 49^{fr},30.$

§ 20. Problèmes sur l'Ellipse (*N° 224*).

Formule générale : S = A × a × 0,785.

237. — R. Superficie $= 3 \times 4{,}50 \times 0{,}785 = 10^{m.car},59\ 75.$

238. — R. Petit axe $= \dfrac{11,7750}{5 \times 0,785} = 3^{m},00.$

239. — R. Grand axe $= \dfrac{33,7550}{6 \times 0,785} = 7^{m},11.$

240. — Le produit des deux axes est égal au carré du diamètre (*N° 224*). Donc,

R. Rayon $= \sqrt{18,15 \times 23,58} : 2 = 10^{m},34.$

241. — R. Superficie $= 3,05 \times 5 \times 0,785 = 11^{m.car},97\ 12.$

D'après la solution du problème **140**, on a :

242. — R. Le $\frac{1}{5}$ du produit $= \dfrac{(72,15 \times 2)^2}{5} = 4164^{m},50.$

243. — Le carré 148,84 du diamètre représente le produit des deux axes. Donc,

R. Superficie $= 148,84 \times 0,785 = 116^{m.car},83\ 94.$

244. — Le périmètre égale la demi-somme des axes multipliée par 3,14. Donc,

R. Périmètre $= \dfrac{(12,15 + 8,50) \times 3,14}{2} = 32^{m},42.$

245. — Erratum au N° 245. Au lieu de *périmètre,* lisez : *produit des axes.*

R. 1° Périmètre $= (25,44 \times 2)^2 = 2588^{m},77.$

2° Superficie $= 25,44^2 \times 3,14 = 2032^{m.car},17\ 26.$

246. — Le périmètre de cette ellipse égale $128^{m},74$. Donc,

R. Rapport demandé $= 50 \times 32 \times 0,785 : \dfrac{128,74^2}{12,56} = \dfrac{175.840.000}{165.739.876}.$

247. — La superficie du carré étant égale à la moitié du carré de la diagonale, on a :

R. Rapport demandé $= 23,55 \times 15,70 \times 0,785 : \dfrac{(23,55 + 15,70)^2}{2}$

$$= \frac{6.470.362}{15.405.625}.$$

§ 21. Problèmes sur la surface de l'Ove (*N° 225*).

248. — 1° Le triangle à déduire est rectangle, comme ayant un angle inscrit dans un demi-cercle, et a par conséquent pour hypoténuse le petit axe. On voit de plus qu'il est isoscèle comme ayant 2 côtés qui s'écartent également du pied de la perpendiculaire. Donc, les angles situés aux extrémités du petit axe de l'ove sont égaux et valent chacun 45° ou le $^1/_8$ de 360° ; donc chaque secteur du milieu vaut le $^1/_8$ du cercle.

2° L'angle du secteur extrême est égal à l'angle droit du triangle à déduire, comme opposé par le sommet ; donc aussi, ce secteur est égal au $^1/_4$ du cercle de même rayon. D'où, suivant la Règle :

R. Superficie $= \left(\frac{5^2 \times 3,14}{4 \times 2} + \frac{10^2 \times 3,14 \times 2}{4 \times 8}\right)$ ou $\frac{5^2 \times 3,14 \times 3}{8}$

$\left[+ \frac{1,46^2 \times 3,14}{4} - \frac{5 \times 2,50}{2} = 24^{m.car},86\ 08.\right.$

Nota. — Il faut remarquer, d'après cette solution, que chacun des 2 secteurs du milieu vaut la $1/2$ du cercle ayant pour diamètre le petit axe, comme ayant un rayon double, mais un angle 4 fois plus petit. Se rappeler aussi que le carré d'un tout est 4 fois plus grand que le carré de la $1/2$ de ce tout.

249. — D'après la solution du problème précédent, la superficie de l'ove $= 143^{m.car},28\ 64$. Donc,

R. Excédant $= 143,2864 - \frac{12^2 \times 3,14}{4} = 30^{m.car},24\ 64.$

250. — R. 1° Périmètre du 1er $= \left(\frac{5 \times 3.14}{2} + \frac{10 \times 3,14 \times 2}{8}\right)$

$\left[\text{ou } 5 \times 3,14 + \frac{3,50 \times 2 \times 3,14}{4} = 21^m,22.\right.$

2° Périmètre du second $= \left(\frac{12 \times 3,14}{2} + \frac{24 \times 3,14 \times 2}{8}\right)$

$\left[\text{ou } 12 \times 3,14 + \frac{3,52 \times 2 \times 3,14}{4} = 43^m,20.\right.$

Nota. — Il est facile de remarquer ici que les 2 arcs du milieu font ensemble la demi-circonférence. En effet, chaque arc est décrit avec un rayon double, mais sous un angle 2 fois plus petit.

253. — Le grand axe d'un ove est égal au petit plus le rayon du secteur extrême, ou à 2 fois le petit axe moins le côté de l'angle droit du triangle rectangle. Donc,

R. Grand axe $= 8,40 + 8,40 - \sqrt{\frac{8,40^2}{2}} = 10^m,86.$

254. — Le rayon du secteur extrême $= 1,50 - \sqrt{\frac{1,50^2}{2}} = 0^m,49.$ Donc,

R. Développement $= 0,75 \times 2 \times 3,14 - \frac{0,49 \times 3,14}{4} = 5^m,09.$ (Voir Nota, problème **250**).

255. — Le petit axe $= \sqrt{12,50^2 \times 2} = 17,65$, et le rayon du secteur extrême $= 17,65 - 12,50 = 5,15$. Donc,

R. Superficie $= \frac{17,65^2 \times 3,14 \times 3}{8} + \frac{5,15^2 \times 3,14}{4} - \frac{12,50^2}{2}$

$= 309^{m.car},51\ 28.$

256. — Le côté de l'angle droit du triangle à déduire $= \sqrt{9,15^2 \times 2} = 6,47$, et, par suite, le rayon du secteur extrême $= 9,15 - 6,47 = 2,68$. Donc,

$$\text{R. Rapport demandé} = \frac{\dfrac{9{,}15^2 \times 3{,}14 \times 3}{8} + \dfrac{2{,}68^2 \times 3{,}14}{4} - \dfrac{6{,}47^2}{2}}{\dfrac{9{,}15^2 \times 3{,}14}{4}}$$

$$\left[= \frac{937.762}{657.221}.\right.$$

Nota. — On peut remarquer que généralement le cercle fait sur le petit axe est égal aux $^7/_{10}$ de l'ove, approximativement.

§ 22. Problèmes sur l'Ovale (*N° 226*).

257. — En construisant la figure d'après les données du problème, on trouve 69° pour l'angle des secteurs du milieu, et 111° pour les secteurs extrêmes. Donc,

$$\text{R. Superficie} = \frac{1{,}28^2 \times 3{,}14 \times 69° \times 2}{360} + \frac{0{,}56^2 \times 3{,}14 \times 111° \times 2}{360}$$

$$\left[- 0{,}72 \times 0{,}67 = 2^{\text{m.car}},09\,69.\right.$$

258. — En construisant cette figure d'après l'énoncé du problème, on voit : 1° que le diamètre donné est à la fois la diagonale du carré à déduire et le rayon des secteurs du milieu; 2° que le côté du carré $= \sqrt{\dfrac{7^2}{2}} = 4{,}95$, et que par conséquent le rayon du petit secteur $= 7 - 4{,}95 = 2^{\text{m}},05$; 3° que tous les secteurs ont l'angle droit et valent ainsi chacun un quart de cercle. Donc,

$$\text{R. Superficie} = \left(\frac{7^2 \times 3{,}14}{2} + \frac{2{,}05^2 \times 3{,}14}{2}\right) \text{ ou } \frac{(7^2 + 2{,}05^2) \times 3{,}14}{2}$$

$$\left[- \frac{7^2}{2} = 59^{\text{m.car}},02\,79.\right.$$

259. — D'après les deux solutions précédentes, on a :

$$\text{R. 1° Périmètre du 1}^{\text{er}} = \left(\frac{1{,}28 \times 2 \times 3{,}14 \times 69 \times 2}{360} + \frac{0{,}56 \times 2 \times 3{,}14 \times 111 \times 2}{360}\right) \text{ ou } \frac{(1{,}28 \times 69 + 0{,}56 \times 111) \times 12{,}56}{360}$$

$= 5^{\text{m}},25.$

$$\text{2° Périmètre du second} = \frac{7 \times 2 \times 3{,}14}{2} + \frac{2{,}05 \times 2 \times 3{,}14}{2}$$

$$\left[= (7 + 2{,}05) \times 3{,}14 = 28^{\text{m}},42.\right.$$

260. — R. Périmètre $= \dfrac{(6{,}20 + 4{,}95) \times 3{,}14}{2} = 17^{\text{m}},50$. (*Rem. N° 226*).

261. — Le côté du carré à déduire $= \sqrt{\dfrac{23{,}50}{2}} = 16{,}61$. Par conséquent, le rayon des secteurs extrêmes $= 23{,}50 - 16{,}61 = 6^{\text{m}},89$. Donc, d'après la solution du problème 258,

$$\text{R. Rapport demandé} = \frac{\frac{(23{,}50^2 + 6{,}89^2) \times 3{,}14}{2} - \frac{23{,}50^2}{2}}{\frac{23{,}50^2 \times 3{,}14}{4}} = \frac{665.438.697}{443.516.250}.$$

262. — Remarquons : 1° que la diagonale de ce carré représente le petit axe ; 2° que le grand axe est égal au petit plus 2 fois le rayon des secteurs extrêmes ; 3° que le rayon des secteurs extrêmes égale le petit axe moins le côté du carré ; 4° que le côté du carré et le rayon de ces secteurs sont ensemble la diagonale ou petit axe. Donc,

R. 1° Petit axe $= \sqrt{225 \times 2} = 22^{m},36$.

2° Grand axe $= 22^{m},36 + (22,36 - \sqrt{225}) \times 2 = 37^{m},08$.

§ 23. Problèmes sur la surface des Polyèdres réguliers (*N° 227*).

Formule générale : S = s × N.

263. — R. Superficie $= 4,35 \times 4 = 17^{m.car},40$.

264. — R. Superficie $= 2,50^2 \times 6 = 37^{m.car},50$.

265. — La base de l'octaèdre régulier étant un triangle équilatéral, on a :

$$\text{R. Superficie} = \sqrt{\left(\frac{6,30 \times 3}{2} - 6,30\right)^3 \times \frac{6,30 \times 3}{2}} \times 8$$

$[= 137^{m.car},48\ 96$.

266. — R. Superficie $= \frac{5 \times 2 \times 1,34 \times 12}{2} = 80^{m.car},40$.

267. — La base de l'icosaèdre étant aussi un triangle équilatéral, on a :

$$\text{R. Superficie} = \sqrt{\left(\frac{5,45 \times 3}{2} - 5,45\right)^3 \times \frac{5,45 \times 3}{2}} \times 20$$

$[= 263^{m.car},51$.

268. — R. Superficie $= \left(\frac{173,20}{4} \times 2\right) : 8,66 = \frac{173,20}{2 \times 8,66} = 10^{m},00$.

269. Dans le cube, les arêtes étant égales, on a :

R. — Arête $= \sqrt{\frac{294}{6}} = 7^{m},00$.

270. — Par la même raison que pour l'arête du cube, on a :

R. Arête $= \left(\frac{124,80}{8} \times 2\right) : 5,20 = \frac{124,80}{4 \times 5,20} = 6^{m},00$.

271. — **Erratum au problème 271. Au lieu de *1038*$^{m.car}$*,50*, lisez : *1039*$^{m.car}$*,50*.**

En observant que le dodécaèdre régulier a pour base un pentagone régulier, on a :

R. Apothème $= \left(\frac{1039,50}{12} \times 2\right) : 7 \times 5 = \frac{1039,50}{6 \times 35} = 4^m,95.$

272. — R. Hauteur $= \left(\frac{138,80}{20} \times 2\right) : 4 = \frac{138,80}{10 \times 4} = 3^m,47.$

§ 24. Problèmes sur la surface du Prisme droit (*N° 229*).

Formule générale : S = Contour × H + 2 B.

273. — R. Superficie totale $= \frac{1,40 \times 5 \times 0,98 \times 2}{2} + 1,40 \times 5$
$\times 8,50 = (0,98 + 8,50) \times 7 = 66^{m.car},36.$

274. — R. Superficie latérale $= 2,30 \times 5,8 = 13^{m.car},34.$

275. — R. Superficie totale $= \sqrt{\left(\frac{2 \times 3}{2} - 2\right)^3 \times \frac{2 \times 3}{2}} \times 2$
$+ 2 \times 3 \times 8,30 = (\sqrt{3} + 24,90) \times 2 = 53^{m.car},26\ 40.$

276. — R. Superficie latérale $= \sqrt{1,44} \times 4 \times 3,60 = 17^{m.car},28.$

277. — En se rappelant, 1° que la mesure du losange est aussi égale au demi-produit de ses diagonales; 2° que les diagonales partagent le losange en 4 triangles rectangles égaux ayant pour hypoténuses les côtés de la figure, et en observant que la hauteur du parallélipipède donné égale le contour de la base, on a :

R. Superficie totale $= 8,40 \times 5,30 + \left(\sqrt{\left(\frac{8,40}{2}\right)^2 + \left(\frac{5,30}{2}\right)^2} \times 4\right)^2$
$= 439^{m.car},73\ 44.$

278. — R. Superficie latérale $= (1,20 + \sqrt{2^2 - 1,20^2}) \times 2 \times 4,65$
$= 26^m,04.$

279. — R. Superficie totale $= 0,01^2 \times 2 + 0,01 \times 4 \times 0,45$
$= 0^{m.car},01\ 82.$

280. — ERRATUM au problème 280. Au lieu de *$3^{m.car},86$*, lisez : *$84^{m.car},35$*.

R. Hauteur $= \frac{328,86 - 84,35 \times 2}{5 \times 7} = 4^m,576.$

281. — R. Hauteur $= \frac{13,15}{(1,70 + 0,80) \times 2} = 4^m,385.$

282. — R. Contour $= \frac{17,20}{5} = 3^m,44.$

283. — R. Superficie latérale $= \frac{1,20 \times 0,80 \times 8,50}{2} = 4^{m.car},08.$

§ 25. Problèmes sur la surface du Prisme oblique (*N° 230*).

Formule générale : $S = P \times H + 2B$.

284. — R. Superficie totale $= 0{,}95 \times 0{,}46 \times 2 + 1{,}80 \times 4{,}85$ $= 9^{m.car},60\ 40$.

285. — R. Superficie latérale $= 1{,}60 \times 10{,}15 = 16^{m.car},24$.

286. — La superficie latérale $= 4{,}50 \times 1{,}50 = 6^{m.car},75$. Donc,

R. Chaque base $= \dfrac{7{,}23 - 6{,}75}{2} = 0^{m.car},24$.

287. — R. Hauteur $= \dfrac{8{,}35}{1{,}25} = 6^{m},68$.

288. — La superficie latérale $= 2{,}60 \times 8 = 20^{m.car},80$. Donc,

R. Côté du carré $= \sqrt{\dfrac{21{,}30 - 20{,}80}{2}} = 0^{m},50$.

289. — R. Pourtour $= \dfrac{12{,}55}{8{,}75} = 1^{m},43$.

§ 26. Problèmes sur la surface de la Pyramide droite (*N° 231*).

Formule générale : $S = \dfrac{C \times A}{2}$.

290. — R. Superficie $= \dfrac{1{,}50 \times 3 \times 6{,}45}{2} = 14^{m.car},51\ 25$.

291. — R. Superficie $= \dfrac{6{,}20 \times 5 \times 25}{2} = 387^{m.car},50$.

292. — R. Superficie $= 2{,}92 \times 8 = 23^{m.car},36$.

293. — R. Superficie $= \dfrac{4 \times 10 \times 35{,}40}{2} = 708^{m.car},00$.

294. — R. Contour $= \dfrac{73{,}50 \times 2}{7} = 21^{m},00$.

295. — R. Côté $= \dfrac{4{,}65 \times 2}{6{,}20 \times 3} = 0^{m},50$.

296. — R. Apothème $= \dfrac{124 \times 2}{12{,}40} = 20^{m},00$.

297. — R. Apothème $= \dfrac{145{,}80 \times 2}{1{,}80 \times 5} = 32^{m},40$

298. — La hauteur, l'apothème et la moitié du côté de la base de cette pyramide forment un triangle rectangle dont l'hypoténuse est ce même apothème. Donc,

R. Apothème $= \sqrt{25^2 + \left(\frac{4}{2}\right)^2} = 25^m,08$.

299. — La base du rectangle $= \sqrt{8,80^2 - 4^2} = 7^m,84$. Donc,

R. Superficie $= \frac{(7,84 + 4) \times 2 \times 24,50}{2} = 290^{m.car},08$.

§ 27. Problèmes sur la surface de la Pyramide tronquée. (*N° 233*).

Formule générale : $S = \frac{(C + c) \times H}{2}$.

300. — En se rappelant que les faces d'une pyramide tronquée sont des trapèzes, on a :

R. Superficie $= \frac{(3,20 + 1,15) \times 4 \times 9,50}{2} = 82^{m.car},65$.

301. — R. Superficie $= \frac{(4,25 + 0,90) \times 3 \times 12,80}{2} = 98^{m.car},88$.

302. — R. Superficie $= \frac{(3,50 + 2,10) \times 8 \times 10}{2} = 224^{m.car},00$.

303. — La demi-somme des contours $\times$ la hauteur $9,50 = 82,65$. Donc,

R. Somme des contours $= \frac{82,65 \times 2}{9,50} = 17^m,40$.

304. — R. Hauteur $= \frac{45,84 \times 2}{7,30 + 3,15} = 8^m,77$, à — de 0,01 près.

305. — R. Contour $= \frac{36,75 \times 2}{12,30} - 2^m,85 = 3^m,12$.

306. — R. Côté $= \left(\frac{281,9375 \times 2}{17,35} - 20\right) : 5 = 6^m,50$.

307. — De l'extrémité de la base supérieure, si l'on abaisse une perpendiculaire sur la base inférieure, on forme un triangle rectangle ayant pour hypoténuse la hauteur des faces, et pour côtés de l'angle droit la hauteur de la pyramide et la $1/2$ du côté de la base inférieure moins la $1/2$ du côté de la base supérieure. Donc,

R. 1° Hauteur des faces $= \sqrt{30,80^2 - (1,75 - 0,90)^2} = 30^m,81$.

2° Superficie $= \frac{(3,50 + 1,80) \times 4 \times 30,81}{2} = 326^{m.car},58\,60$.

308. — De l'extrémité de la base de la partie retranchée, si l'on abaisse une perpendiculaire sur la base de la pyramide totale, on forme deux triangles rectangles semblables ayant chacun pour hypoténuse un segment de l'apothème de cette pyramide, et pour côtés de l'angle droit, chacun un segment de la hauteur ($1^m,90$ et $5^m,30$), la $^1/_2$ du côté de la base de la partie retranchée et la $^1/_2$ du côté de la base de la pyramide ($1^m,30$) moins la $^1/_2$ du côté précédent. Ces deux derniers côtés sont homologues, ainsi que les deux segments de l'apothème et de la hauteur. Donc, en appelant x la $^1/_2$ de ce dernier côté, la similitude des deux triangles rectangles donne la proportion :

$$1,30 - x : x :: 5,30 : 1,90,$$

ce qui donne l'équation à une seule inconnue $\frac{1,30 - x}{x} = \frac{5,30}{1,90} = \frac{53}{19}$,

ou, multipliant les deux membres par x, $1,30 - x = \frac{53\,x}{19}$,

ou, multipliant les deux membres par 19, $24,70 - 19\,x = 53\,x$,

ou, dégageant l'inconnue et réduisant, $24,70 = 72\,x$,

d'où, enfin, $x = \frac{24,70}{72} = 0,34$. Donc,

R. Côté demandé $= 0,34 \times 2 = 0^m,68$.

§ 28. Problèmes sur la surface du Cylindre droit (*N° 235*).

Formule générale : S = Contour × H.

309. — R. Superficie $= 1 \times 2 \times 3,14 \times 5 = 31^{m.car},40$.

310. — R. Superficie $= 2,80 \times 3,14 \times 7,15 = 62^{m.car},86\,28$.

311. — R. Superficie $= 1,57 \times 2 \times 3,14 = 3,14^2 \times 9,86$ $= 97^{m.car},21\,56$.

312. — R. Superficie $= 1,50 \times 2,75 = 4^{m.car},12\,50$.

313. — R. Superficie $= 2,45 \times 3,14 \times 1,60 = 12^{m.car},30\,88$.

314. — La circonférence de la base $= \sqrt{0,5028 \times 12,56} = 2^m,51$. Donc,

R. Superficie $= 2,51 \times 4,70 = 11^{m.car},79\,70$.

315. — R. Superficie $= 0,50 \times 2 \times 3,14 \times 3,14 = 3,14^2$ $= 9^{m.car},85\,96$.

316. — La hauteur étant la même, les superficies sont entre elles comme les circonférences. Donc,

R. Rapport demandé $= \frac{7,20}{2,40} = 3$.

317. — ERRATUM au N° 317. Au lieu de *rapport entre un cylindre,* lisez : *rapport entre la surface convexe d'un cylindre.*

R. Rapport $= \frac{1 \times 2 \times 3,14 \times 6,28}{6,28^2} = \frac{6,28^2}{6,28^2} = 1$.

318. — Deux cylindres de même base sont entre eux comme leur hauteur. Donc,

R. Nombre de fois $= \frac{12,96}{1,44} = 9$.

319. — La hauteur du 1er étant 15, celle du second sera 3. Donc, d'après la solution précédente,

R. Nombre de fois $= \frac{15}{3} =$ 5 fois.

320. — R. Hauteur $= \frac{42{,}9230}{2{,}80 \times 3{,}14} = 4^{m}{,}88$.

321. — Les hauteurs des cylindres partiels sont donc $2^{m}{,}20$ et $9{,}90 - 2{,}20 = 7^{m}{,}70$. Or, la base est la même; donc ces deux cylindres sont entre eux comme les hauteurs 2,20 et 7,70 ou 22 et 77. Donc,

R. Les deux nombres demandés sont 22 et 77.

322. — R. Rayon $= \frac{26{,}4537}{8{,}82 \times 3{,}14 \times 2} = 0^{m}{,}48$.

323. — 1° $10\frac{2}{3} = \frac{32}{3}$, et $4 = \frac{12}{3}$; 2° la hauteur et le diamètre sont donc entre eux COMME 32 et 12 ou 8 et 3, et par conséquent, la hauteur sera les $\frac{8}{3}$ de $3^{m}{,}20 = 8^{m}{,}80$. Donc,

R. Superficie $= 3{,}20 \times 3{,}14 \times 8{,}80 = 88^{m.car}{,}42\,24$.

§ 29. Problèmes sur la surface du Cylindre oblique (*No 236*).

Formule générale : S = Circ. × Côté.

324. — R. Superficie $= 3{,}15 \times 8 = 25^{m.car}{,}00$.

325. — R. Superficie $= 0{,}70 \times 2 \times 3{,}14 \times 3{,}50 = 15^{m.car}{,}38\,60$.

326. — *Nota.* — La deuxième phrase du problème est inutile à la solution.

R. Superficie $= 4{,}80 \times 5{,}40 = 25^{m.car}{,}92$.

327. — R. Circonférence $= \frac{26{,}04}{7{,}50} = 3^{m}{,}47$.

328. — R. Côté $= \frac{0{,}9248}{0{,}30} = 3^{m}{,}83$, à — de 0,001 près.

329. — R. Axe $= \frac{3{,}38}{1{,}20} = 2^{m}{,}816$, à — de 0,001 près.

330. — R. Superficie $= 0{,}40 \times 2 \times 3{,}14 \times 5{,}40 = 13^{m.car}{,}56\,48$.

§ 30. Problèmes sur la surface du Cylindre tronqué (*No 237*).

Formule générale : S = Contour × H.

331. — R. Superficie $= 2{,}85 \times 4{,}90 = 13^{m.car}{,}96\,50$.

332. — R. Superficie $= \frac{(7{,}15 + 6{,}75) \times 1{,}90}{2} = 13^{m.car}{,}20\,50$.

(Voyez *Rem. III* au *No 145* du *Formulaire*.)

333. — R. Superficie $= \frac{(2,14 \times 3,14)^2 \times 12}{5} = 108^{m.car},36\,72$.

334. — R. Contour $= \frac{12,84}{6,54} = 1^m,96$, à — de 0,01 près.

335. — R. Hauteur $= \frac{3,40}{3,40} = 1^m,00$.

336. — R. Hauteur $= \frac{23,50}{0,85 \times 2 \times 3,14} = 4^m,40$.

L'axe étant moyenne arithmétique entre les 2 côtés, leur somme $= 10,50 \times 2 = 21$. Donc,

337. — R. 1° Grand côté $= \frac{21}{2} + \frac{1,20}{2} = 11^m,10$;

2° Petit côté $= \frac{21}{2} - \frac{1,20}{2} = 9,90$.

Preuve. $11,10 + 9,90 = 21,00$; et $11,10 - 9,90 = 1,20$.

§ 31. Problèmes sur la surface du Cône droit (N° *238*).

Formule générale : $S = \frac{\text{Contour} \times \text{Côté}}{2}$.

338. — R. Superficie $= \frac{4,10 \times 6,20}{2} = 12^{m.car},71\,00$.

339. — R. Superficie $= \frac{1,20 \times 5,32}{2} = 3^{m.car},19\,20$.

340. — R. Superficie $= \frac{0,60 \times 2 \times 3,14 \times 3,80 \times 3}{2} = 21^{m.car},47\,76$.

341. — R. Contour $= \frac{3,50 \times 2}{2,20} = 3^m,18$, à — de 0,01 près.

342. — R. Circonférence $= \frac{8,84 \times 2}{6,60} = 2^m,68$, d°.

343. — R. Côté $= \frac{9,15 \times 2}{2,35} = 7^m,78$, à — de 0,01 près.

344. — R. Côté $= \frac{27,48 \times 2}{1,30 \times 2 \times 3,14} = 6^m,73$, à — de 0,01 près.

345. — Cette hauteur forme avec le rayon de la base et le côté du cône un triangle rectangle ayant ce côté pour hypoténuse. Donc,

R. Hauteur ou axe $= \sqrt{8^2 - 1^1} = 7^m,95$.

346. — D'après la solution du problème précédent, on a :

R. Hauteur $= \sqrt{4,50^2 - \left(\frac{0,942}{6,28}\right)^2} = 4^m,49$.

347. — R. On a de même : Rayon $= \sqrt{23,40^2 - 21,80^2} = 8^m,50$.

348. — On a d'abord pour le carré du rayon de la base l'expression $\frac{8,58}{3,14}$. Donc, par le théorème de Pythagore, on a :

R. Côté $= \sqrt{10^2 + \frac{8,58}{3,14}} = 10^m,13$.

349. — D'après l'énoncé du problème, le rayon de la base est représenté par l'expression $\frac{0,92}{6,28}$, et le carré du côté du pain de sucre par 0,1764. Donc, par le même théorème,

R. Hauteur $= \sqrt{0,1764 - \left(\frac{0,92}{6,28}\right)^2} = 0^m,40$.

350. — La circonférence de la base $= \frac{22,84 \times 2}{10,20}$, et le rayon, $\frac{22,84 \times 2}{10,20 \times 6,28} = 0,71$. Donc,

R. Hauteur $= \sqrt{10,20^2 - 0,71^2} = 10^m,17$.

351. — R. Le contour étant le même, les deux cônes sont entre eux comme leurs côtés, c'est-à-dire comme 23 et 14.

352. — On a d'abord pour le côté du 1er cône $\sqrt{18,50^2 + \left(\frac{13,20}{6,28}\right)^2}$ $= 18^m,62$, et pour le côté du second cône $\sqrt{10,50^2 + \left(\frac{13,20}{6,28}\right)^2}$ $= 10^m,70$. Donc, les deux cônes, qui ont même base, sont entre eux comme les côtés 18,62 et 10,70, ou 1862 et 1070. Donc,

R. Les 2 nombres entiers demandés sont 1862 et 1070.

§ 32. Problèmes sur la surface du Cône tronqué (*No 239*).

Formule générale : $S = \frac{C + c \times \text{Côté}}{2}$.

353. — R. Superficie $= \frac{(3,20 + 2,50) \times 6,08}{2} = 17^{m.car},32\,80$.

354. — R. Superficie $= \frac{(2,15 + 1,40) \times 3,14 \times 4,50}{2}$ $= 25^{m.car},08\,07$.

355. — R. Superficie $= \frac{(12,56 + 6,28) \times 7}{2} = 276^{m.car},06\,88$.

356. — Toute circonférence étant égale à la racine carrée du produit de la superficie du cercle par 12,56, on a :

R. Superficie $= \frac{(\sqrt{6,85 \times 12,56} + \sqrt{4,62 \times 12,56}) \times 23,50}{2}$
[$= 199^{m.car},39\ 75$.

357. — R. Superficie $= \frac{\sqrt{0,8454 \times 12,56} + 0,40 \times 2 \times 3,14 \times 0,95}{2}$
[$= 2^{m.car},74\ 07$.

358. — R. Somme des bases $= \frac{24,56 \times 2}{10} = 4^{m},912$.

359. — R. Côté $= \frac{16,90 \times 2}{5,15 + 3,30} = 4^{m},00$.

360. — La somme des contours $= \frac{23,80 \times 2}{12,10} = 5,42$. Donc,

R. 1° Contour de la grande base $= \frac{5,42}{2} + \frac{1,80}{2} = 3,61$;

2° Contour de la petite base $= \frac{5,42}{2} - \frac{1,80}{2} = 1,81$.

Preuve. $3,61 + 1,81 = 5,42$; et $3,61 - 1,81 = 1,80$.

361. — On a d'abord $6^{m},00$ pour la somme des contours; et les deux bases étant entre elles comme les 2 termes du rapport $\frac{3}{5}$, en appliquant la règle de répartition proportionnelle, on a pour les deux contours $3^{m},75$ et $2^{m},25$. Donc,

R. 1° Rayon de la grande base $= \frac{3,75}{6,28} = 0^{m},60$;

2° Rayon de la petite base $= \frac{2,25}{6,28} = 0^{m},36$.

362. — R. Côté $= \frac{2,5864 \times 2}{(0,92 + 0,60) \times 6,28} = 0^{m},54$.

363. — En représentant par 2 le contour de la base inférieure des deux cônes, et par 1, le côté, on a, d'après l'énoncé du problème,

R. Rapport demandé $= \frac{(2 + 1) \times 1}{2} : \frac{2 \times 1}{2} = \frac{3}{2}$.

364. — Si l'on représente successivement le contour de la base inférieure des deux cônes par 4, 5 et 8, et le côté toujours par 1, on a :

R. 1er Rapport $= \frac{(4 + 1) \times 1}{2} : \frac{4 \times 1}{2} = \frac{10}{8}$.

2e Rapport $= \frac{(5 + 3) \times 1}{2} : \frac{5 \times 1}{2} = \frac{16}{10}$.

3e Rapport $= \frac{(8 + 5) \times 1}{2} : \frac{8 \times 1}{2} = \frac{26}{16}$.

§ 33. Problèmes sur la surface de la Sphère (*N° 240*).

Formules générales : $S = \begin{cases} 1° \; D^2 \times 3{,}14; \\ 2° \; D \times \text{Circ.} \end{cases}$

365. — R. Superficie $= 2^2 \times 3{,}14 = 12^{m.car},56$.

366. — R. Superficie $= (0{,}50 \times 2)^2 \times 3{,}14 = 3^{m.car},14$.

367. — R. Superficie $= 8{,}10 \times \dfrac{8{,}10}{3{,}14} = \dfrac{8{,}10^2}{3{,}14} = 20^{m.car},84\,49$.

368. — R. Superficie $= \sqrt{6{,}30 \times 12{,}56} \times \dfrac{\sqrt{6{,}30 \times 12{,}56}}{3{,}14}$

$$\left[= \frac{6{,}30 \times 12{,}56}{3{,}14} = 25^{m.car},20.\right.$$

369. — R. Diamètre $= \sqrt{\dfrac{23{,}48}{3{,}14}} = 2^m,74$.

370. — R. Rayon $= \dfrac{1{,}80}{6{,}28} = 0^m,29$.

371. — R. Circonférence $= \dfrac{28{,}26}{3} = 9^m,42$.

372. — En observant que l'expression $\sqrt{\dfrac{6{,}64}{3{,}14}}$ représente ici le diamètre de la sphère, on a :

R. Circonférence $= \sqrt{\dfrac{6{,}64}{3{,}14}} \times 3{,}14 = \sqrt{6{,}64 \times 3{,}14} = 4^m,56$.

373. — R. Diamètre $= \sqrt{\dfrac{55{,}3896}{3{,}14}} = 4^m,20$.

374. — La surface de la sphère et celle du cercle étant respectivement représentées par les expressions $D^2 \times 3{,}14$ et $\dfrac{D^2 \times 3{,}14}{4}$ ou $\left(\dfrac{D}{2}\right)^2 \times 3{,}14$, on a :

R. Rapport demandé $= D^2 \times 3{,}14 : \dfrac{D^2 \times 3{,}14}{4} = \dfrac{4\,D^2 \times 3{,}14}{D^2 \times 3{,}14 \times 1} = 4$.

Nota. — Voyez, d'ailleurs, la Rem. III, au N° 240, page 125 du *Formulaire*.

375. — La surface d'une sphère étant, d'après la solution précédente, 4 fois plus grande que celle d'un cercle de même diamètre, on a :

R. Superficie du cercle $= \dfrac{35{,}04}{4} = 8^{m.car},78\,50$.

Nota. — Le calcul du carré du diamètre donnerait le même résultat : $\left(\sqrt{\dfrac{35{,}04}{3{,}14}}\right)^2 \times \dfrac{3{,}14}{4} = \dfrac{35{,}04 \times 3{,}14}{3{,}14 \times 4} = \dfrac{35{,}04}{4} = 8^m,78\,50$.

376. — D'après la solution du problème **374**, on a :

R. Superficie de la sphère $= 5{,}86 \times 4 = 23^{m.car},44$.

377. — Le diamètre de la sphère étant 1, le rayon du cercle du problème sera $\frac{1}{3}$. Donc, d'après la *Rem. III* du *N° 240*, on a :

R. Rapport demandé $= \dfrac{1^2}{\left(\frac{1}{3}\right)^2} = 9$.

378. — R. Rapport demandé $= \dfrac{9^2}{3^2} = 9$, comme au problème précédent.

379. — R. Elles sont entre elles comme $(2{,}50 \times 2)^2$ et $\left(\frac{7}{2}\right)^2$, ou comme 25 et 12,25.

380. — R. Elles sont égales, puisqu'elles ont chacune pour mesure l'expression $13^2 \times 3{,}14$.

381. — Le rapport entre ces deux surfaces étant $\dfrac{(5 \times 2)^2}{(4 : 2)^2} = 25$, on a :

R. La première contient la seconde 25 fois.

382. — La surface de la sphère étant les $\frac{2}{3}$ de celle du cylindre circonscrit (*Rem. IV, N° 240* du *Formulaire*), on a :

R. Nombre demandé $= 51 \times \dfrac{3}{2} = 76{,}50$.

383. — R. Rapport $= \dfrac{4^2}{(6 \times 2)^2} = \dfrac{16}{144} = \dfrac{1}{9}$.

§ 34. Problèmes sur la surface de la Calotte et de la Zone sphériques (*N° 241*).

Formule générale : S = Circ. × H.

384. — R. Superficie $= 8{,}50 \times 0{,}40 = 3^{m.car},40$.

385. — R. Superficie $= 1{,}40 \times 6{,}28 \times 1 = 8^{m.car},79\,20$.

386. — L'expression générale de la circonférence d'une sphère dont on connaît la superficie étant $\sqrt{S \times 3{,}14}$, on a :

R. Superficie $= \sqrt{24{,}15 \times 3{,}14} \times 0{,}80 = 6^{m.car},96\,80$.

387. — R. Superficie $= 4{,}54 \times 0{,}20 = 0^{m.car},90\,80$.

388. — R. Superficie $= 5{,}80 \times 6{,}28 \times 3 = 109^{m.car},27\,20$.

389. — R. Superficie $= 7{,}20 \times 2{,}10 = 15^{m.car},12$.

390. — R. Superficie $= \sqrt{38{,}80 \times 3{,}14} \times \dfrac{1}{20} \times \sqrt{38{,}80 \times 3{,}14}$

$$= \frac{38{,}80 \times 3{,}14}{20} = 6^{m.car},09\,16.$$

391. — R. Circonférence $= \frac{2,80}{0,30} = 9^{m},33$.

392. — R. Hauteur $= \frac{4,50}{32,60} = 0^{m},14$.

393. — R. Hauteur $= \frac{54,95}{4 \times 6,28} = 2^{m},19$.

394. — R. Rapport = 1, puisque ces deux surfaces ont pour mesure la même expression : Circ. × H.

395. — R. Rapport de la zone à la calotte $= \frac{3}{7}$, c'.-à-d. le même qu'entre les hauteurs, à cause du facteur commun la circonférence.

396. — L'épaisseur de la zone étant 12, celle de la calotte sera 3. Donc,

R. Nombre de fois $= \frac{12}{3} = 4$.

§ 35. Problèmes sur la surface du Fuseau sphérique (*N° 242*).

Formule générale : S = D × Largeur.

397. — R. Superficie $= 5 \times 2,50 = 12^{m.car},50$.

398. — R. Superficie $= 0,50 \times 2 \times 1 = 1^{m.car},00$.

399. — R. Superficie $= \frac{28 \times 0,80}{3,14} = 7^{m.car},13\,37$.

400. — R. Superficie $= \sqrt{\frac{64,0854}{3,14}} \times 3,50 = 15^{m.car},82$.

401. — R. Diamètre $= \frac{4,04}{2,30} = 1^{m},76$.

402. — R. Largeur $= \frac{1,50}{1,50} = 1^{m},00$.

403. — R. Comme la largeur du Fuseau et la circonférence de la Sphère (*Rem. II, N° 241* du *Formulaire*).

404. — D'après ce qui vient d'être dit, et la largeur du fuseau (1,57) étant le 1/4 de la circonférence (2,28), on a :

R. Superficie $= \frac{12,56}{4} = 3^{m.car},14$.

Nota. — La proportion 6,28 : 12,56 :: 1,57 : x donnerait évidemment la même réponse.

405. — La largeur du fuseau (3,14) étant le 1/6 de la circonférence (18,84), on a :

R. Superficie $= 18,84 \times 6 = 113^{m.car},04$.

Nota. — On aurait également le même résultat par la proportion évidente : $18,84 : 3,14 :: 18,84 : x$, où le conséquent $x = 3,14$, puisque les 2 antécédents sont égaux.

§ 36. Problèmes sur la surface conique du Secteur sphérique (*N° 243*).

Formule générale : $S = \dfrac{\text{Contour} \times R}{2}$.

406. — R. Superficie conique $= \dfrac{2 \times 3}{2} = 3^{m.car},00$.

407. — R. Superficie conique $= \dfrac{0,80 \times \dfrac{0,90}{2}}{2} = \dfrac{0,80 \times 0,90}{4}$ $= 0^{m.car},18$.

408. — R. Superficie conique $= \dfrac{4,50 \times \dfrac{7,40}{6,28}}{2} = \dfrac{4,50 \times 7,40}{2 \times 6,28}$ $= 2^{m.car},65\ 13$.

409. — R. Superficie totale $= \dfrac{13,31 \times \dfrac{6}{2}}{2} + 6 \times 3,14 \times 0,80$ $= 35^{m.car},03\ 70$.

410. — R. Superficie conique $= 6,54 \times \dfrac{\sqrt{\dfrac{48,8462}{3,14}} : 2}{2}$

$= \dfrac{6,54 \times \sqrt{\dfrac{48,8462}{3,14}}}{4} = 6^{m.car},44\ 19$.

411. — R. Contour $= \dfrac{4,86 \times 2}{3,54} = 2^{m},75$.

412. — R. Côté $= \dfrac{2,88 \times 2}{5,40} = 1^{m},07$.

413. — R. Rayon $= \dfrac{47,80 \times 2}{23,90} = 4^{m},00$

414. — On a d'abord pour la circonférence de la sphère $\dfrac{10,50}{1} = 10^{m},50$. Donc,

R. Superficie de la sphère $= 10,50 \times \dfrac{10,50}{3,14} = \dfrac{10,50^2}{3,14} = 3^{m.car},51\ 11$.

§ 37. Problèmes sur la surface latérale de l'Onglet sphérique (*No 244*).

Formule générale : $S = R^2 \times 3,14$.

415. — R. Superficie $= 4^2 \times 3,14 = 50^{m.car},24\,00$.

416. — R. Superficie $= \left(\frac{0,80}{2}\right)^2 \times 3,14 = \frac{0,80^2 \times 3,14}{4}$ $= 0^{m.car},50\,24$.

417. — R. Superficie $= \left(\frac{48,50}{6,28}\right)^2 \times 3,14 = \frac{48,50^2}{12,56} = 187^{m.car},28\,10$.

418. — On a d'abord pour le diamètre l'expression $\sqrt{\frac{38,56}{3,14}}$. Donc,

R. Superficie $= \left(\sqrt{\frac{38,56}{3,14}} : 2\right)^2 \times 3,14 = \frac{38,56}{4} = 9^{m.car},64\,00$.

419. — R. Superficie $= \left(\frac{8,15}{2}\right)^2 \times 3,14$ ou $\frac{8,15^2 \times 314}{3} + 8,15$ $\times 5,55 = 97^{m.car},37\,41$.

420. — R. Rayon $= \sqrt{\frac{9,38}{3,14}} = 1^m,73$.

421. — R. Superficie $= \frac{\left(\frac{8,08}{2}\right)^2 \times 3,14}{4} = 12^{m.car},81\,27$.

422. — R. Carré $= \frac{32,84}{3,14} = 10^m,46$.

§ 38. Problèmes sur le volume de l'Hexaèdre régulier ou Cube (*No 247*).

Formule générale : $V = \frac{S \times A}{3} = C^3$.

423. — R. Volume $= 2^3 = 8^{m.cub},000^{d.cub}$.

424. — Le côté de ce cube est représenté par $\sqrt{9,61}$. Donc,

R. Volume $= \sqrt{9,61} \times 9,61 = (\sqrt{9,61})^3 = 29^{m.cub},791^{d.cub}$.

425. — L'apothème étant la 1/2 du côté de ce solide, la quantité $0^m,20$, qui est le 1/3 de l'apothème, représente le 1/6 de ce côté. Donc,

R. Volume $= (0,20 \times 6)^3 = 1^{m.cub},728$.

426. — R. Volume $= \left(\sqrt{\frac{13,50}{6}}\right)^3 = 3^{m.cub},375$.

427. — R. Volume $= (2 \times 6)^3 = 1728^{m.cub},000$.

428. — R. Côté $= \sqrt[3]{0,729} = 0^{m},90$.

429. — R. Apothème $= \frac{7,84}{2} = 3^{m},92$.

430. — La superficie d'une face de ce solide étant le carré de l'arête, on a :

R. Superficie totale $= (\sqrt[3]{140,608})^2 \times 6 = 162^{m.car},24$.

431. — R. Apothème $= \sqrt{\frac{9,45}{6}} : 2 = 0^{m},63$.

432. — R. 1° Apothème du mètre cube $= \frac{1^{m},00}{2} = 0^{m},50$;

2° d° du décim. cube $= \frac{0^{m},10}{2} = 0^{m},05$;

3° d° du centim. cube $= \frac{0^{m},01}{2} = 0^{m},005$.

§ 39. Problèmes sur le volume du Prisme droit et du Prisme oblique (*N° 248*).

Formule générale : $V = B \times H$.

Formule particulière au Parallélipipède : $V = H \times Larg. \times E$.

433. — R. Volume $= 0,84 \times 13,70 = 11^{m.cub},508$.

434. — R. Volume $= 2,15 \times 8,60 = 18^{m.cub},490$.

435. — R. Volume $= \frac{5,84 \times 5 \times 4,06}{2} \times 6,30 = 373^{m.cub},438\,800$.

436. — R. Volume $= 1,50 \times 1 \times 10,50 = 15^{m.cub},750$.

437. — R. Base $= \frac{4,500}{7,20} = 0^{m},625$.

438. — R. Côté $= \sqrt{\frac{9,360}{6,50}} = 1^{m},44$.

439. — R. Volume $= 0,009^2 \times 0,35 = 0^{m.cub},000\,028\,350$.

440. — R. Hauteur $= \frac{2,044}{0,8064} = 2^{m},53$, à -- de 0,01 près.

441. — R. Épaisseur $= \frac{3,375}{12,50 \times 0,60} = 0^{m},45$.

§ 40. Problèmes sur le volume du Prisme tronqué (*N° 249*).

Formule générale : $V = B \times$ Arête moyenne.

442. — R. Volume $= 1,60 \times \frac{9,65 + 10,00 + 10,50}{3} = 16^{m.cub},080$.

443. — R. Volume $= 0,72^2 \times \frac{(6+6,25)\times 2}{4} = \frac{0,72^2 \times (6+6,25)}{2}$
[$= 3^{\text{m.cub}},170\ 200$.

444. — R. Base $= \frac{4,540}{6,60} = 0^{\text{m.car}},68\ 77$.

445. — R. Arête moyenne $= \frac{2,555}{0,8236} = 3^{\text{m}},10$.

446. — Erratum au problème 446. A la fin de l'énoncé du problème, lisez : *et que la plus grande surpasse la plus petite de* $1^m,20$.

On a d'abord pour l'arête moyenne $\frac{1,450}{0,25^2} = 23^{\text{m}},20$. Donc,

R. 1° Grande arête $= \frac{23,20}{2} + \frac{1,20}{2} = 12^{\text{m}},20$;

2° Petite arête $= \frac{23,20}{2} - \frac{1,20}{2} = 11^{\text{m}},00$.

Preuve : $12,20 + 11,00 = 23^{\text{m}},20$; et $12^{\text{m}},20 - 11 = 1^{\text{m}},20$.

§ 41. Problèmes sur le volume de la Pyramide droite (*N° 250*).

Formule générale : $V = \frac{S \times H}{3}$.

447. — R. Volume $= \frac{2,65 \times 6}{3} = 5^{\text{m.cub}},300$.

448. — Erratum au problème 449. Au lieu de *triangle équilatéral,* lisez : *carré.*

La hauteur de cette pyramide forme avec l'apothème et la moitié du côté de la base un triangle rectangle dont l'hypoténuse est cet apothème, une ligne égale à la 1/2 du côté du carré formant l'autre côté de l'angle droit. Donc,

R. Volume $= \frac{3^2 \times \sqrt{5^2 - 1,50^2}}{3} = 14^{\text{m.cub}},280$.

449. — R. Volume $= \frac{1,50 \times 0,95 \times 8,20}{3} = 3^{\text{m.cub}},895$.

450. — R. Volume $= \frac{2,40^2}{2} \times \frac{15,75}{3} = \frac{2,40^2 \times 15,75}{6} = 15^{\text{m.cub}},120$.

451. — Cette diagonale étant l'hypoténuse d'un triangle rectangle, la base du rectangle a pour expression $\sqrt{3,12^2 - 1,80} = 2,55$. Donc,

R. Volume $= \frac{2,55 \times 1,80 \times 10,00}{3} = 15^{\text{m.cub}},300$.

452. — R. Hauteur $= \frac{5,870 \times 3}{1,25} = 14^{\text{m}},088$.

453. — R. Superficie de la base $= \frac{24,000 \times 3}{7,80} = 9^{\text{m.car}},23\ 08$.

454. — On a d'abord pour la superficie de la base $\frac{67,540 \times 3}{15,80}$ $= 12^{m.car},82\,40$. Donc, en se rappelant que le carré de la diagonale est le double de la superficie,

R. Diagonale $= \sqrt{12,8240 \times 2} = 5^{m},06$.

455. — Deux pyramides droites de même base étant entre elles comme leur hauteur, on a :

R. Rapport $= \frac{12,60}{4,20} = 3$.

456. — Réciproquement, si la hauteur est la même, les pyramides droites sont entre elles comme les bases. Donc,

R. Volume demandé = les $\frac{3}{7}$ de $25,500 = 10^{m.cub},928\,571$.

457. — La somme des 3 côtés = 12, dont la $1/2 = 6$; les restes sont 2 ; $\frac{11}{12}$ et demi $= \frac{23}{24}$. Donc,

$$\text{R. Volume} = \frac{\sqrt{2^3 \times 6} \times \frac{23 \times 12}{24}}{3} = \frac{\sqrt{48 \times 23}}{6} = 26^{m.cub},558\,100.$$

458. — Une pyramide droite étant le $\frac{1}{3}$ d'un prisme de mêmes dimensions, si la pyramide donnée avait les mêmes dimensions que le prisme, elle en serait le $\frac{1}{3}$. Mais ces dimensions sont chacune les $\frac{2}{5}$; donc,

R. Rapport = les $\frac{2}{5}$ des $\frac{2}{5}$ du $\frac{1}{3} = \frac{4}{75}$, c'est-à-dire que la pyramide EST AU prisme COMME 4 EST A 75.

459. — Le volume étant le même, et la hauteur de la pyramide étant 2 fois et demie plus petite, la base de cette dernière devra être 2 fois et demie plus grande. Donc,

R. Côté $= \sqrt{\frac{45,045 \times 3 \times 2,50}{12}} = 5^{m},30$.

§ 42. Problèmes sur le volume de la Pyramide tronquée (*No 251*).

Formule générale : $V = \frac{(B + b + m.p.) \times H}{3}$.

460. — R. Volume $= \frac{(4,54 + 3,36 + \sqrt{4,54 \times 3,36}) \times 10}{3}$ $= 39^{m.cub},333\,333$.

461. — En observant que le produit des côtés des deux bases égale la moyenne proportionnelle entre les deux carrés, on a :

R. Volume $= \frac{(12^2 + 4^2 + 12 \times 4) \times 20}{3} = 1386^{m.cub},666\ 666.$

462. — R. Hauteur $= \frac{1386,667 \times 3}{144 + 16 + 48} = 24^{m},81$, à — de 0,01 près.

463. — R. Grande base $= \frac{2462,800 \times 3}{20} - (28,30 + 16,86)$ $[= 314^{m.car},26.$

464. — R. Petite base $= \frac{262,800 \times 3}{10} - 61,20 = 17^{m.car},64.$

465. — On a d'abord pour le volume de la pyramide $\frac{(222^2 + 10,22^2 + 222 \times 10,22) \times 145}{3} = 2.496.768^{m.cub},939.$ Donc,

R. 1° Nombre de maisons $= \frac{2496768,939 - 110000}{700} = 3409.$

2° Chiffre de la population $= 3409 \times 40 = 136.360$ habitants.

466. — R. Longueur en kilomètres $= \frac{2496768,939}{1,64 \times 0,33 \times 1000}$ $[= 4613^{k},394^{m}.$

467. — R. Cube

$$= \frac{(25,60 \times 1,40 + 24,60 \times 0,40 + \sqrt{25,60 \times 1,40 \times 24,60 \times 0,40}) \times 0,50}{3}$$

$[= 10^{m.cub},740.$

468. — R. Moyenne proportionnelle $= \frac{15015,168 \times 3}{40} - 938,9376$ $[= 187^{m.car},200.$

469. — Erratum au problème 469. Au lieu de *13m.car,54*, lisez : *31m.car,54*.

Le carré de la moyenne proportionnelle étant un produit dont les facteurs sont les 2 bases, on a :

R. Base supérieure $= \frac{25,04^2}{31,54} = 19^{m.car},87\ 96.$

§ 43. Problèmes sur le volume du Cylindre droit et du Cylindre tronqué (*N° 252*).

Formule générale : $V = B \times H$.

470. — R. Volume $= 6,25 \times 5,40 = 33^{m.cub},750.$

471. — R. Volume $= 0,80^2 \times 3,14 \times 3 = 6^{m.cub},028\ 800.$

472. — R. Volume $= \frac{8,50^2}{12,50} \times 8,50 = \frac{8,50^3}{12,56} = 48^{m.cub},895\ 301.$

473. — R. Volume $= \dfrac{6^2 \times 3{,}14 \times 22{,}50}{4} = 635^{\text{m.cub}}{,}850.$

474. — R. Volume $= \dfrac{5{,}20^2 \times 12{,}10}{12{,}56} = 26^{\text{m.cub}}{,}049.$

475. — R. Base $= \dfrac{32{,}504}{10} = 3^{\text{m.car}}{,}25\ 04.$

476. — R. Hauteur $= \dfrac{3{,}344}{0{,}85} = 3^{\text{m}}{,}93.$

477. — Le *volume* du cylindre a pour expression générale $R^2 \times 3{,}14 \times H$. Mais, d'après l'énoncé du problème, on a $R = H$. Donc, cette expression devient pour le cas particulier $R^3 \times 3{,}14$. Donc,

$$\text{R. Superficie de la base} = \left(\sqrt[3]{\frac{25{,}12}{3{,}14}}\right)^2 \times 3{,}14 = \frac{25{,}12 \times 3{,}14}{3{,}14 \times 2}$$

$$= \frac{25{,}12}{2} = 12^{\text{m.car}}{,}56.$$

478. — Cette *hauteur* étant égale au carré du diamètre de la base, la formule ci-dessus devient $R^2 \times 3{,}14 \times (2\,R)^2$. Mais en observant que le carré d'un tout est 4 fois plus grand que le carré de sa moitié, on a $R^2 \times (2\,R)^2 = R^2 \times 4\,R^2 = 4\,R^4$, et alors le *volume* du cylindre donné a pour expression particulière $4\,R^4 \times 3{,}14$. D'où, $R^4 = \dfrac{V}{4 \times 3{,}14}$. Donc,

$$\text{R. Rayon de la base} = \sqrt[4]{\frac{12{,}560}{4 \times 3{,}14}} = 1^{\text{m}}{,}00.$$

Nota. — Pour extraire une racine 4ᵉ, il suffit de prendre la racine carrée de la racine carrée. En général, pour extraire une racine dont l'indice est un multiple à la fois de 2 et de 3, on prend successivement les racines indiquées par ces 2 sous-multiples. Par exemple, s'il s'agissait d'extraire la racine 12ᵉ d'un nombre, comme $12 = 2 \times 2 \times 3$, on prendrait d'abord la racine carrée de ce nombre, puis la racine carrée de cette racine carrée, et enfin la racine cubique de la dernière racine carrée.

Quant aux indices qui ne sont pas des multiples de 2 et de 3, la marche arithmétique à suivre serait trop longue à développer ici; et d'ailleurs, comme elle est assez compliquée, mieux vaut employer directement les logarithmes.

479. — R. Dans le rapport de 5 à 15, c'-à-d. de leur hauteur.

480. — Deux cylindres droits de même hauteur sont entre eux comme leur base, et les bases sont entre elles comme les carrés des rayons ou des diamètres. Or, les carrés des rayons sont ici respectivement 1 et $\frac{1}{9}$. Donc,

R. Volume demandé $= \dfrac{32{,}044}{9} = 3^{\text{m.cub}}{,}560\ 444.$

481. — R. Nombre de fois $= \left(\dfrac{13{,}20}{2}\right)^2 : 4{,}40^2 = 2$ fois $\frac{1}{4}$. (Voyez la solution précédente.)

§ 43. Problèmes sur le volume du Cylindre oblique (*N° 253*).

Formule générale : V = Cercle × Axe ou Côté.

482. — R. Volume = 3,42 × 5,00 = 16$^{\text{m.cub}}$,100.

483. — R. Volume $= \dfrac{4,20^2 \times 8,00}{12,56} =$ 11$^{\text{m.cub}}$,236.

484. — Le petit axe de la base étant nécessairement le diamètre du cylindre, on a :

R. Volume $= \dfrac{0,50^2 \times 3,14 \times 2,90}{4} =$ 5$^{\text{m.cub}}$,569 125.

485. — R. Volume $= \dfrac{1,20^2 \times 3,14 \times 2,72}{4} =$ 3$^{\text{m.cub}}$,074 688.

486. — L'énoncé du problème constitue un triangle rectangle ayant pour hypoténuse l'axe du cylindre, et dont l'angle droit a les côtés connus. Donc,

R. Volume $= \dfrac{2,40^2}{12,56} \times \sqrt{5,50^2 + 0,30^2} =$ 2$^{\text{m.cub}}$,526 427.

487. — R. Cercle $= \dfrac{8,380}{6,30} =$ 1$^{\text{m.car}}$,33 01.

488. — R. Axe $= \dfrac{2,524}{0,8362} =$ 3^{m},02.

489. — La superficie de la base a ici pour valeur $\dfrac{23,540}{12,50}$. Donc,

R. Circonférence $= \sqrt{\dfrac{23,540 \times 12,56}{12,50}} =$ 4^{m},86.

490. — Erratum au problème 490. A la fin de l'énoncé, ajoutez: *le grand axe de l'ellipse ayant 1^{m},50.*

On a d'abord pour le petit axe de l'ellipse ou diamètre du cylindre l'expression $\sqrt{\dfrac{10,428}{8,10 \times 3,14}} \times 2$ ou $\sqrt{\dfrac{10,428 \times 4}{8,10 \times 3,14}} =$ 1^{m},28. Donc, d'après la formule de l'ellipse, N° 224 du *Formulaire :*

R. Superficie demandée = 1,50 × 1,28 × 0,785 = 1$^{\text{m.car}}$,50 72.

491. — R. 1° Ces deux cylindres, ayant même base, sont entre eux comme leur hauteur, c'est-à-dire comme 19 et 5.

2° Il manque au plus petit les $\frac{14}{19}$ du plus gros, ou les $\frac{14}{5}$ de son propre volume.

§ 45. Problèmes sur le volume du Cône droit (*N° 254*).

Formule générale : $V = \frac{B \times H}{3}$.

492. — R. Volume $= \frac{8,54 \times 12}{3} = 34^{m.cub},160$.

493. — R. Volume $= \frac{0,35^2 \times 3,14 \times 1,50}{3} = 0^{m.cub},192\,325$.

494. — R. Volume $= \frac{23,40^2 \times 10,80}{12,56 \times 3} = 156^{m.cub},943$.

495. — R. Volume $= \frac{0,80^2 \times 3,14}{4} \times \frac{\frac{7}{3} \times \frac{5}{6} \times 0,80}{3}$

$\left[= \frac{0,80^3 \times 3,14 \times 7 \times 5}{4 \times 3^2 \times 6}\right] = 0^{m.cub},260\,504$.

496. — Par l'énoncé du problème, on a un triangle rectangle dont l'hypoténuse est formée par le côté du cône ; les côtés de l'angle droit sont la hauteur cherchée et le rayon de la base. Par conséquent, on a pour la hauteur $\sqrt{20^2 - 3,25^2} = 19,73$. Donc,

R. Volume $= \frac{6,50^2 \times 3,14 \times 19,73}{4 \times 3} = 218^{m.cub},123\,370$.

497. — Le côté du cône étant l'hypoténuse d'un triangle rectangle auquel donne lieu la question, on a d'abord pour l'expression du carré du rayon, un des côtés de ce triangle, $33,40^2 - 32,20^2 = 78,72$. Donc,

R. Volume $= \frac{78,72 \times 3,14 \times 32,20}{3} = 2653^{m.cub},073$.

498. — On a d'abord pour le rayon de la base $\frac{9,42}{6,28} = 1^m,50$, et, pour la hauteur qui forme le second côté de l'angle droit, $\sqrt{15,30^2 - 1,50^2} = 15^m,23$. Donc,

R. Volume $= \frac{1,50^2 \times 3,14 \times 15,23}{3} = 35^{m.cub},866$.

499. — R. Base $= \frac{4,455 \times 3}{3,10} = 4^{m.car},31\,13$.

500. — R. Hauteur $= \frac{2,400 \times 3}{0,90} = 8^m,00$.

501. — On a d'abord pour la base l'expression $\frac{2^2}{12,56}$, et par suite, pour la hauteur, $3,412 \times 3 : \frac{2^2}{12,56} = 31^m,987$. Le rayon $= \frac{2}{6,28} = 0^m,318$. Donc,

R. Côté $= \sqrt{31,987^2 + 0,318^2} = 31^m,988$.

502. — ERRATUM au problème 502. Au lieu de *la base d'un cône droit*, **lisez**: *un cône droit*.

R. Côté $= \sqrt{40^2 + 8^2} = 40^m,79$.

503. — Le rayon est ici $= \sqrt{8,30^2 - 7,50^2} = 3^m,55$. Donc,

R. Circonférence $= 3,55 \times 6,28 = 22^m,29$.

504. — R. Ces 2 nombres sont 11 et 15, puisque deux cônes droits de même base sont entre eux comme leur hauteur.

505. — Ces deux cônes sont entre eux comme leurs bases ou les carrés de leur circonférence. Donc,

R. Les 2 nombres sont $23,15^2$ et $16,30^2$, ou 5.359.225 et 2.656.900.

506. — R. Volume $= \dfrac{24,25^2 \times 32,60}{12,56 \times 3} = 509^{m.cub},779$, c'-à-d. le $1/3$ du cylindre.

507. — Un cône droit étant le $1/3$ d'un cylindre droit de mêmes dimensions, on a :

R. Volume du cône = les $\dfrac{8}{7}$ des $\dfrac{8}{7}$ de $\dfrac{1}{3}$ = les $\dfrac{64}{147}$ du cylindre.

§ 46. Problèmes sur le volume du Cône tronqué (*N° 255*).

Formule générale : $V = (R^2 + r^2 + Rr) \times H \times 1,047$.

508. — R. Volume $= (4^2 + 2^2 + 4 \times 2) \times 10 \times 1,047$ $= 293^{m.cub},160$.

509. — On a d'abord pour les rayons $\dfrac{12,56}{6,28} = 2^m,00$, et $\dfrac{3,14}{6,28} = 0^m,50$. Donc,

R. Volume$=(2^2 + 0,50^2 + 2 \times 1,50) \times 20 \times 1,047 = 109^{m.cub},935$.

510. — Les rayons sont respectivement $\dfrac{7,50}{2} = 3,75$, et $\sqrt{\dfrac{3,14}{3,14}} = 1$. Donc,

R. Volume $= (3,75^2 + 1^2 + 3,75 \times 1) \times 7,20 \times 1,047$ $= 141^{m.cub},816$.

511. — Si de l'extrémité de la base supérieure on abaisse sur la base inférieure une perpendiculaire, 1° cette ligne est parallèle à l'axe ou hauteur du cône; 2° elle forme, avec le côté et la différence des 2 rayons, un triangle rectangle ayant ce côté pour hypoténuse. Ainsi, la hauteur du cône $= \sqrt{20,62^2 - 5^2} = 20^m,00$. Donc,

R. Volume $= (15^2 + 10^2 + 15 \times 10) \times 20 \times 1,047$ $= 9946^{m.cub},500$.

512. — R. Volume $= (0,40^2 + 0,30^2 + 0,40 \times 0,30) \times 1$ $\times 1,047 = 0^{m.cub},038\,739$.

513. — ERRATUM au problème 513. Ajoutez à la fin : *la hauteur étant $20^m,00$.*

R. Somme $= \dfrac{9946,500}{20 \times 1,047} = 475,00$.

514. — R. Hauteur $= \dfrac{544,440}{52 \times 1,047} = 10^{m},016$.

515. — R. Rayon $= \sqrt{\dfrac{3046,770 \times 12 - 9,423 \times 30 \times 3^2}{12,564 \times 30}} - \dfrac{3}{2}$ $= 8^{m},00$.

516. — R. Rayon $= \sqrt{\dfrac{142,915500 \times 12 - 9,423 \times 10,50 \times 3^2}{12,564 \times 10,50}} - \dfrac{3}{2} = 1^{m},00$.

Sur la Partie retranchée (*N° 255, Rem. III.*)

517. — En construisant la figure, on voit que la similitude des triangles donne la proportion 5 — 3,60 : 3,60 :: 28 : x (la hauteur retranchée). Donc,

R. Hauteur de la partie retranchée $= \dfrac{3,60 \times 28}{5 - 3,60} = 72^{m},00$.

Nota. — Le même résultat pourrait encore s'obtenir en calculant le volume du cône total, et en en retranchant celui du tronc de cône.

518. — On a d'abord pour la hauteur de la partie retranchée $\dfrac{1,28 \times 8}{2,50 - 1,20} = 7^{m},38$. Donc,

R. Volume $= \dfrac{1,20^2 \times 3,14 \times 7,28}{3} = 11^{m.cub},123\ 136$.

519. — Le théorème de Pythagore donne d'abord pour la hauteur de cette partie $\sqrt{26,93^2 - 10^2} = 25,00$. Donc,

R. Volume demandé $= \dfrac{10^2 \times 3,14 \times 25}{3} = 2616^{m.cub},666$.

520. — On a :

1° Hauteur de la partie retranchée $= \dfrac{75,360 \times 3}{2^2 \times 3,14} = 18^{m},00$.

2° Côté d° $= \sqrt{18^2 + 2^2} = 18,11$. Donc,

R. Superficie convexe d° $= \dfrac{4 \times 3,14 \times 18,11}{2} = 113^{m.car},73\ 08$.

§ 47. Problèmes sur le volume de la Sphère (*N° 256*).

Formule générale : $V = \dfrac{S \times R}{3}$.

521. — R. Volume $= \dfrac{50,24 \times 2}{3} = 33^{m.cub},493\ 333$.

522. — R. Volume $= \dfrac{(3,50 \times 2)^2 \times 3,14 \times 3,50}{3} = \dfrac{3,50^2 \times 4 \times 3,14}{3}$
$= 179^{m.cub},503$.

523. — On a d'abord pour le diamètre l'expression $\dfrac{18,20}{3,14}$, et pour le rayon $\dfrac{18,20}{6,28}$. Donc,

R. Volume $= \dfrac{\left(\dfrac{18,20}{3,14}\right)^2 \times 3,14 \times 18,20}{3 \times 6,28} = 102^{m.cub},041$.

524. — R. Volume $= \dfrac{0,65^3 \times 3,14}{6} = 0^{m.cub},143\,707$.

525. — R. Volume $= \dfrac{\left(\dfrac{0,55}{3,14}\right)^2 \times 3,14 \times 0,55}{3 \times 6,28} = 0^{m.cub},002\,800$.

526. — R. Volume $= \dfrac{40,30 \times \sqrt{\dfrac{40,30}{3,14}} : 2}{3} = 23^{m.cub},374$.

527. — Les 2 rayons menés du centre aux extrémités d'une même face du cube forment avec le côté donné un triangle rectangle isoscèle ayant pour hypoténuse ce même côté. Par conséquent, on a pour le rayon l'expression $\sqrt{\dfrac{1,25^2}{2}} = 0,88$. Donc,

R. Volume $= \dfrac{(0,88 \times 2)^2 \times 3,14 \times 0,88}{3} = 2^{m.cub},853\,096$.

528. — Le côté du cube circonscrit est évidemment égal au diamètre de la sphère. Donc,

R. Volume $= \dfrac{10^2 \times 3,14 \times 5}{3} = 523^{m.cub},333$.

529. — R. Volume $= \dfrac{1^3 \times 3,14}{h} = 0^{m.cub},523\,333$.

530. — Le volume de la sphère étant les $\dfrac{157}{300}$ du cube de même dimension (*N° 256, Rem. III*), on a :

R. Volume de la sphère $= 15,625 \times \dfrac{157}{300} = 8^{m.cub},177\,083$.

531. — Ces deux solides sont de même dimension. Donc,

R. Rapport demandé $= \dfrac{157}{300}$, ou $\dfrac{300}{157}$.

532. — L'arête du cube étant ici le $\frac{1}{6}$ du diamètre de la sphère, et le volume de ce solide étant exprimé par le cube de $\frac{1}{6}$, on a :

R. Rapport demandé $= \dfrac{300}{157} \times \left(\dfrac{1}{6}\right)^3 = \dfrac{300}{33912}$.

533. — R. Superficie $= \dfrac{113,040 \times 3}{3} = 113^{m.car},04$.

534. — R. Rayon $= \dfrac{523,333 \times 3}{314,00} = 5^{m},00$.

535. — R. Diamètre $= \sqrt[3]{\dfrac{63,280 \times 6}{3,14}} = 4^{m},94$.

536. — En représentant par 1 le diamètre de la sphère, le volume de ce solide est représenté par l'expression $\dfrac{1^3 \times 3,14}{6} = \dfrac{314}{600}$, et celui du cylindre circonscrit, par $\dfrac{1^2 \times 3,14}{4} = \dfrac{314}{400}$. Donc le rapport du cylindre à la sphère $= \dfrac{314}{400} : \dfrac{314}{600} = \dfrac{600}{400} = \dfrac{3}{2}$. Donc,

R. Nombre demandé $= 246 \times \dfrac{3}{2} = 369$.

537. — R. Rapport $= \dfrac{1^3}{\left(\dfrac{1}{2}\right)^3} = 8$, puisque 2 sphères sont entre elles comme les cubes de leur diamètre.

538. — Les diamètres sont entre eux comme les circonférences. Donc, ces deux sphères sont entre elles comme 1 et $\left(\dfrac{1}{4}\right)^3$. Donc,

R. Les 2 nombres demandés sont 1 et 64.

539. — R. Nombre de fois $= 225 : \dfrac{1 \times \sqrt{\dfrac{225}{3,14}} : 2}{3} = \dfrac{225}{1,41}$

$[= 158 \text{ fois} + \dfrac{122}{141}$.

§ 48. Problèmes sur le volume du Segment extrême (*N° 257*).

Formule générale : $V = \dfrac{B \times H}{2} + \text{Sphère}$.

540. — R. Volume $= \dfrac{3,54 \times 1,20}{2} + \dfrac{1,20^3 \times 3,14}{6} = 1^{m.cub},116\,720$.

541. — R. Volume $= \dfrac{6,12^2 \times 2,50}{12,56 \times 2} + \dfrac{2,50^3 \times 3,14}{6} = 11^{m.cub},904\,631$.

542. — R. Base $= \dfrac{9,420 \times 2 - \dfrac{1^3 \times 3,14 \times 2}{6}}{1} = 17^{m.car},79\,33$.

543. — ERRATUM au problème 543. Au lieu de *75$^{m.cub}$,360, la hauteur 2^{m},00,* lisez : *54$^{m.cub}$,427, la sphère additionnelle ayant 4$^{m.cub}$,187.*

$$\text{R. Hauteur} = \frac{54,427 \times 2 - \dfrac{2^3 \times 3,14 \times 2}{6}}{50,24} = 2^{m},00.$$

544. — R. $\text{Sphère add}^{lle} = 54,427 - \dfrac{50,24 \times 2}{2} = 4^{m.cub},187.$

§ 49. Problèmes sur le volume du Segment intérieur (*N° 258*).

Formule générale : $V = \dfrac{(B + b) \times H}{2} + \text{Sphère.}$

545. — R. $\text{Volume} = \dfrac{(8,04 + 6,58) \times 1,40}{2} + \dfrac{1,40^3 \times 3,14}{6}$

[$= 11^{m.cub},670.$

546. — R. $\text{Volume} = \dfrac{\dfrac{4,20^2 + 3,10^2}{12,56} \times 0,80}{2} + \dfrac{0,80^3 \times 3,14}{6}$

[$= 17^{m.cub},625.$

547. — R. $\text{Somme des bases} = \dfrac{5,156802 \times 2 - \dfrac{0,58^3 \times 3,14 \times 2}{6}}{0,58}$

[$= 17^{m.car},67\,00.$

548. — ERRATUM au problème 548. Au lieu de *2^{m},80,* lisez : *0^{m},80.*

$$\text{R. Grande base} = \frac{0,275677 \times 2 - \dfrac{0,25^3 \times 3,14 \times 2}{6}}{0,25} - \frac{0,80^2}{12,56}$$

[$= 0^{m.car},08\,25.$

549. — ERRATUM au problème 549. Au lieu de *18^{m},00 de rayon,* lisez : *5^{m},73 de rayon.*

$$\text{R. Hauteur} = \frac{1009,249 \times 2 - 87,069 \times 2}{\dfrac{54^2}{12,56} + 5,732^2 \times 3,14} = 5^{m},50.$$

550. — Cette hauteur étant égale au diamètre de la sphère additionnelle, on a :

$$\text{R. Hauteur} = \sqrt[3]{\frac{6,375548 \times 6}{3,14}} = 2^{m},30.$$

551. — La hauteur ayant été trouvée de 5^{m},50, au problème **549**, on a :

$$\text{R. Sphère add}^{lle} = 1002,249 - \frac{\left(\dfrac{54^2}{12,56} + 5,732^2 \times 3,14\right) \times 5,50}{2}$$

[$= 87^{m.cub},069.$

§ 50. Problèmes sur le volume du Secteur et de l'Onglet sphériques (*No 259*).

Formule générale : $V = \dfrac{B \times R}{3}$.

552. — R. Volume $= \dfrac{8,54 \times 3}{3} = 8^{m.cub},540$.

553. — R. Volume $= \dfrac{0,89 \times 20,50}{3 \times 6,28} = 0^{m.cub},968\,406$.

554. — R. Volume $= \dfrac{1 \times 0,80}{3} = 0^{m.cub},266\,666$.

555. — R. Volume $= \dfrac{4,54 \times \sqrt[3]{\dfrac{18,340 \times 6}{3,14}}}{3 \times 2} = 2^{m.cub},474\,300$.

556. — R. Volume $= \dfrac{0,60 \times 0,60}{3 \times 2} = \dfrac{0,60^2}{6} = 0^{m.cub},060$.

557. — R. Base $= \dfrac{2,840 \times 3}{2} = 4^{m.car},26\,00$.

558. — R. Base $= \dfrac{24,323 \times 3}{13,35 : 6,28} = \dfrac{24,323 \times 3 \times 6,28}{13,35} = 34^{m.car},3255$.

559. — R. Rayon $= \dfrac{0,815 \times 3}{1,34} = 1^{m},18$.

§ 51. Problèmes sur le volume des { Corps irréguliers, Liquides, Gaz,

à résoudre d'après le principe des densités spécifiques ou relatives

(*Nos 262 et 264*).

Formule générale : { pour les Solides et les Liquides : $V = \dfrac{P}{D.r.}$. pour les Gaz : $V = \dfrac{P}{1,30 \times D.r.}$.

560. — R. Volume $= \dfrac{274,650}{2,838} = 96^{d.cub},7758 = 0^{m.cub},096\,776$.

561. — R. Volume $= \dfrac{6,350}{1,80} = 3^{d.cub},52777 = 0^{m.cub},003\,528$.

562. — R. Volume $= \dfrac{7,280}{0,076} = 95^{d.cub},789 = 0^{m.cub},095\,789$.

563. — R. Volume $= \dfrac{53,372}{7,765} = 6^{d.cub},873 = 0^{m.cub},006\,873$.

564. — R. Volume $= \frac{234,825}{13,596} = 17^{d.cub},271 = 0^{m.cub},017\,271.$

565. — R. Volume $= \frac{7459}{0,915} = 8151^{d.cub},912 = 8^{m.cub},151\,912.$

566. — R. Volume $= \frac{815,285}{7,788} = 104^{d.cub},672 = 0^{m.cub},104\,672.$

567. — R. Volume $= \frac{2324,430}{0,804} = 2891^{d.cub},082 = 2^{m.cub},891\,082.$

568. — R. Volume $= \frac{1}{22,069} = 0^{d.cub},045 = 0^{m.cub},000\,045.$

569. — R. Volume $= \frac{1}{0,240} = 4^{d.cub},166 = 0^{m.cub},004\,166.$

570. — Erratum au problème 570. Au lieu de *litres*, lisez : *kilogrammes*.

R. Volume $= \frac{2400}{0,818} = 2946^{d.cub},210 = 2^{m.cub},946\,210.$

571. — **Gaz.** — *Nota.* — Se rappeler que le poids relatif pour les gaz doit être exprimé en *grammes* (*N° 262, Rem. VI*).

R. Volume $= \frac{600^{kg} \text{ ou } 600000^{gr.}}{1^{gr},30} = 461^{m.cub},538\,461.$

572. — R. Volume $= \frac{320}{1,30 \times 0,069} = 3^{m.cub},567\,446.$

573. — R. Volume $= \frac{1000}{1,3 \times 1,105} = 0^{m.cub},696\,136.$

574. — Erratum au problème 574. Au lieu de *litres*, lisez : *kilogrammes*.

R. Volume $= \frac{54000}{1,3 \times 0,978} = 42^{m.cub},472\,864.$

CINQUIÈME PARTIE.

POIDS ET DENSITÉ DES CORPS.

§ 52. Problèmes sur le Poids relatif des Corps (*N° 262. Rem. IV et VI*).

Formule générale : { **pour les Solides et les Liquides : P. r. = D × V.**
pour les Gaz : P. r. = 1,30 × D × V.

1° Solides. — *Nota.* — Se rappeler que, dans la formule, le volume du corps doit être exprimé en décimètres cubes (*N° 264*), et que par conséquent le produit représente des kilogrammes.

575. — R. Poids $= 2,645 \times 2420 = 6400^{kg},900^{gr}.$

576. — R. Poids $= 19,260 \times 28 = 539^{k°},280$.

577. — R. Poids $= 1,800 \times 1335 = 2403^{k°},000$.

578. — R. Poids $= 7,688 \times 237 = 1822^{k°},056$.

579. — R. Poids $= 2,816 \times 58 = 163^{k°},328$.

580. — R. Poids $= 8,838 \times 18545 = 163900^{k°},710$.

2° **LIQUIDES.** — *Nota.* — Dans la formule, le volume du liquide est exprimé en décimètres cubes, comme pour les solides. Le produit représente également des kilogrammes.

581. — R. Poids $= 0,915 \times 890$ (litres ou décimètres cubes) $= 814^{k°},350$.

582. — R. Poids $= 0,994 \times 200 = 198^{k°},800$.

583. — R. Poids $= 13,596 \times 136 = 1849^{k°},056$.

3° **GAZ.** — *Nota.* — Dans la formule, le volume des gaz est aussi exprimé en décimètres ; mais, ici, le produit représente des grammes (*N° 262, Rem. VI*).

584. — R. Poids $= 1,3 \times 1 \times 684 = 889^{gr},20^{centigr}$.

585. — R. Poids $= 1,3 \times 2,470 \times 5475 = 17580^{gr},22^{centigr}$.

586. — R. Poids $= 1,3 \times 0,069 \times 3549 = 318^{gr},34$.

587. — R. Poids $= 1,3 \times 0,596 \times 645 = 449^{gr},75$.

588. — R. Poids $= 1,3 \times 1,105 \times 70545 = 101337^{gr},89$.

§ 53. Problèmes sur le Poids ou Densité spécifique des Corps (*N° 262*).

Formule générale { pour les Solides et les Liquides : $D = \frac{P}{V}$. pour les Gaz : $D = \frac{P}{1,3 \times V}$.

1° **SOLIDES.** — *Nota.* — Le volume doit être exprimé en décimètres cubes : le produit représente un nombre abstrait.

589. — R. Densité $= \frac{249,216}{32} = 7,788$.

590. — R. Densité $= \frac{3500}{8735} = 0,400$.

591. — R. Densité $= \frac{756}{3150} = 0,240$.

592. — R. Densité $= \frac{59586,300}{2700} = 22,069$.

593. — R. Densité $= \frac{4800,730}{3845} = 1,249$.

2° **LIQUIDES.** — *Nota.* — Voyez le *Nota* des solides ci-dessus.

594. — R. Densité $= \frac{5805,492}{427} = 13,596.$

595. — R. Densité $= \frac{4000}{4375} = 0,914.$

596. — R. Densité $= \frac{2,394}{3} = 0,798.$

597. — R. Densité $= \frac{15,100}{10} = 1,510.$

598. — R. Densité $= \frac{16,80}{2000} = 0,840.$

3° **GAZ.** — *Nota.* — Le poids des gaz doit être exprimé en grammes, et le volume, en décimètres cubes. Si l'on exprimait le poids par des kilogrammes, le volume devrait être exprimé en mètres cubes.

599. — R. Densité $= \frac{6422}{1,3 \times 2000} = 2,470.$

600. — R. Densité $= \frac{14562}{1,3 \times 10200} = 1,105.$

601. — R. Densité $= \frac{40}{1,3 \times 89} = 0,346.$

602. — R. Densité $= \frac{75,7965}{1,3 \times 845} = 0,069.$

603. — R. Densité $= \frac{54278,9}{1,3 \times 43000} = 0,971.$

SIXIÈME PARTIE.

CONVERSION DES SURFACES PLANES, CONSTRUCTION DES SURFACES SEMBLABLES, ÉCHELLE DE PROPORTION.

§ 54. Problèmes sur la conversion des Surfaces planes (*N° 266*).

604. — R. Hauteur $= \frac{25 \times 2}{10} = 5^{m},00.$

605. — R. La somme des bases du trapèze sera $\frac{32,25 \times 2}{8,20} = 7^{m},99.$

606. — R. Rayon $= \sqrt{\frac{64,28}{3,14}} = 4^{m},52.$

607. — On a d'abord pour la somme des bases $\frac{48,50 \times 2}{4,45}$ $= 21^{m},80$. En appliquant sur ce nombre la règle de répartition proportionnelle, on obtient :

R. 1° Petite base $= \frac{21,80 \times 6}{16} = 8^{m},175$;

2° Grande base $= \frac{21,80 \times 10}{16} = 13,625$.

608. — R. Côté du carré $= \sqrt{30^2 \times 3,14} = 53^{m},16$.

609. — R. Hauteur $= \frac{36,40^2}{12,56 \times 20,35} = 5^{m},18$.

610. — R. Côté $= \sqrt{60,67} = 7^{m},79$.

611. — R. Rayon $= \sqrt{\frac{12,00 \times 8,00 \times 0,785}{3,14}} = 4^{m},90$.

612. — R. Base $= \frac{32,54 \times 2}{6,50} = 10^{m},01$.

613. — R. Côté $= \frac{4 \times 6 \times 3,47}{2 \times 5,64} = 7^{m},38$.

614. — La superficie du triangle de cette nature étant égale à la $1/2$ du carré d'un côté de l'angle droit, on a :

R. Hypoténuse $= \sqrt{32,58 \times 2 \times 2} = 11^{m},40$.

615. — R. Base $= \sqrt{\frac{26,58^2}{12,56} \times 2} = 10^{m},60 =$ Hauteur.

616. — On trouve d'abord pour la superficie du triangle $43^{m.car},3110$. Donc,

R. Diamètre $= \sqrt{\frac{43,3110 \times 4}{3,14}} = 7^{m},45$.

617. — La formule générale du PROCÉDÉ DES CÔTÉS, *No 207*, devient pour le triangle équilatéral, en appelant C le côté du triangle :

$$S = \sqrt{\left(\frac{3\,C}{2} - C\right)^3 \times \frac{3\,C}{2}};$$

d'où, en observant que $\frac{3\,C}{2} - C = \frac{C}{2}$, l'on tire la formule suivante, particulière au côté du triangle équilatéral :

$$C = \sqrt[4]{\frac{S^2 \times 2 \times 8}{3}}.$$

En appliquant cette formule au problème **617**, on trouve pour le côté du triangle donné $12^{m},00$. (Voyez le *Nota* du problème **478**). Donc, d'après le théorème de Pythagore, et en se rappelant que la ligne qui partage un triangle équilatéral en 2 triangles rectangles égaux, est perpendiculaire au côté, on a :

R. 1° Les 2 côtés déjà connus par ce qui précède sont $12^m,00$ et $6^m,00$;

2° 3e côté $= \sqrt{12^2 - 6^2} = 10^m,39$.

§ 55. Problèmes sur la construction des Surfaces semblables (*Nos 267 et 268*).

618. — R. Rapport de surface $= \dfrac{0,32^2}{70,40^2} = \dfrac{1024}{49.561.600} = \dfrac{1}{48.400}$.

619. — R. Rapport de surface $= \dfrac{0,423^2}{458,50^2} = \dfrac{1}{1.174.892}$, environ.

620. — R. Rapport de surface $= \dfrac{3^2}{1^2} = 9$.

621. — R. Rapport de surface $= \dfrac{4^2}{1^2} = 16$.

622. — R. Rapport de surface $= \dfrac{0,05^2}{1} = \dfrac{0,0025}{1} = \dfrac{25}{10.000}$.

623. — R. Rapport de surface $= \dfrac{\left(\frac{3}{4}\right)^2}{1^2} = \dfrac{9}{16}$.

624. — R. Base de la copie $= 0,24 \times \sqrt{4} = 0^m,48$. (No 268, *Procédé de la méthode.*)

Nota. — La proportion suivante donnerait le même résultat :

D (le dessin) : **4** D (la copie) : : **0,24**² : B² (le carré de la base de la copie).

D'où $B^2 = \dfrac{4D \times 0,24^2}{D} = 4 \times 0,24^2$, et $B = \sqrt{4 \times 0,24^2} = 0^m,48$.

625. — R. Hauteur de la copie $= 0,80 \times \sqrt{\dfrac{2}{5}} = 0^m,505$.

626. — R. Rayon $= 0,131 \times \sqrt{\dfrac{3}{2}} = 0^m,160$.

627. — R. Rapport demandé $= \dfrac{\sqrt{\frac{4}{25}}}{\sqrt{1}} = \dfrac{2}{5} = 2$ à 5.

628. — R. Rapport de surface $= \dfrac{\left(\frac{5}{3}\right)^2}{1^2} = \dfrac{25}{9}$.

§ 56. Problèmes sur l'Échelle de Proportion (*Nos 270 et 271*).

629. — R. Titre $= \dfrac{0,32 : 0,32}{430,100 : 0,32} = \dfrac{1}{1343\frac{3}{4}}$.

630. — R. Titre $= \frac{0,048 : 0,048}{3,20 : 0,048} = \frac{1}{66\frac{2}{3}}$.

631. — R. Longueur $= 0,032 \times 250 = 8^{m},00$.

632. — R. Rapport-multiplicateur $= \frac{0,38}{3400} = \frac{11}{100.000}$, à — de 0,00001 près.

633. — La proportion $350 : 1 :: 157,50 : x$ donne :

R. Longueur du papier $= \frac{1 \times 157,50}{350} = 0^{m},45$.

634. — R. Division p^le^ pour un myriamètre $= \frac{1 \times 10.000}{250.000} = 0^{m},04$.

635. — R. 1° Division p^le^ pour les longueurs $= \frac{1}{500} = 0^{m},002$.

2° d° pour les hauteurs $= \frac{1}{200} = 0^{m},005$.

636. — R. Longueur du terrain $= \frac{18}{6} \times 2500 = 7500^{m},00$.

SEPTIÈME PARTIE.

LITRE ET STÈRE.

§ 57. Problèmes sur le Litre (*N° 279*).

Formule générale pour le litre en cuivre, en bois ou en fer-blanc :

$$R = \sqrt[3]{\frac{0,001}{3,14 \times 2}}.$$

D° pour le litre en étain : $R = \sqrt[3]{\frac{0,001}{3,14 \times 4}}$.

637. — R. Rayon $= \sqrt[3]{\frac{0,001}{3,14 \times 2}} = 0^{m},054$, à — de 0,001 près.

638. — R. Rayon $= \sqrt[3]{\frac{0,1}{3,14 \times 2}} = 0^{m},251$, à — de 0,001 près.

639. — Le rayon étant égal à $0^{m},054$ (solution **637**), on a :

R. Diamètre $= 0^{m},054 \times 2 = 0^{m},108$, à — de 0,001 près.

640. — R. Diamètre $= \sqrt[3]{\frac{0,001}{3,14 \times 4}} \times 2 = 0^{m},086$, à — de 0,001 près.

641. — R. Rayon $= \sqrt[3]{\frac{0,01}{3,14 \times 4}} = 0^{m},093$, à — de 0,001 près.

642. — R. Nombre de litres $= 0,42^2 \times 3,14 \times 2 = 1^{m.cub},004\,800$ $[= 1004^{lit},80$.

643. — En observant que le mètre cube vaut 10 hectolitres, on a :

R. Nombre d'hectolitres $= \frac{32,15^2 \times 2,50 \times 4}{12,56 \times 7} \times 10 = 1175^{h},41^{lit}$.

644. — R. Nombre d'hectolitres $= (1,60^2 + 1^2 + 1,60 \times 1)$ $[\times 2,50 \times 1,047 \times 10 = 108^{h},89^{lit}$.

645. — R. Nombre de litres $= (0,19^2 + 0,13^2 + 0,19 \times 0,13)$ $[\times 0,35 \times 1,047 \times 1000 = 28^{lit},47^{c}$.

646. — Erratum au problème 646. Au lieu de *0m,66 de diamètre*, lisez *0m,96 de diamètre.*

R. Capacité en hectolitres $= (0,48^2 + 0,285^2 + 0,48 \times 0,285)$ $[\times 0,66 \times 1,047 \times 10 = 3^{h},10^{lit}$.

647. — R. Capacité en litres $= \frac{3,80^2 \times 10,50 \times 2}{12,56 \times 3} \times 1000$ $[= 8047^{lit},77^{c}$.

648. — R. Nombre de décalitres $= \frac{247 - 18,38}{0,994} : 10 = 23^{déc},00^{lit}$.

649. — R. Profondeur $= \sqrt[3]{\frac{27}{1000}} = 0^{m},30$.

650. — R. Hauteur $= \frac{41 : 1000}{(0,20^2 + 0,16^2 + 0,20 \times 0,16) \times 1,047}$ $[= 0^{m},40$.

651. — La largeur demandée n'est ici autre chose que le diamètre du puits. Donc,

R. Largeur $= \sqrt{\frac{(7850 : 1000) \times 4}{10 \times 314}} = 1^{m},00$.

652. — R. Profondeur $= \frac{4350 : 1000}{\frac{0,92^2 \times 3,14}{4}} = 6^{m},84$.

653. — R. Nombre d'hectolitres à ajouter $= 1,50^2 \times 3,80 \times 10$ $\left[- \frac{2915}{100} = 56^{h},35^{lit}\right.$.

§ 58. Problèmes sur le Stère (*N° 282*).

Formule générale : Stère ou l = l × Longueur × H.

654. = R. Hauteur $= \frac{1}{0,86} = 1^{m},16$, à — de 0,01 près.

655. — R. Hauteur $= \frac{1}{1,14} =$ 0m,88, à — de 0,01 près.

656. — R. Longueur $= \frac{1}{1} =$ 1m,00.

657. — R. Hauteur $= \frac{1 \times 5}{0,60 \times 5} =$ 1m,67, à — de 0,01 près.

658. — R. Nombre de stères $= 7,20 \times 1,30 \times 0,90 =$ 8st,424m/st.

659. — R. Nombre de branches $= \frac{1 \times 55}{0,80 \times 7,20} = 9^{\text{branch.}} \frac{316}{576}$.

HUITIÈME PARTIE.

CUBAGE DES BOIS DE CONSTRUCTION.

§ 59. Problèmes sur le Cubage des Bois équarris (*Nos 285 et 286*).

Formule générale : Cube = Longueur × Largeur × E.

Nota. — Se rappeler que les longueurs sont comptées de 25 en 25 centimètres pleins, et les grosseurs, de 3 en 3 centimètres pleins.

660. — R. Volume en stères $= 0,30 \times 0,18 \times 8,50 =$ 0st,459m/st.

661. — R. Épaisseur $= \frac{0,936}{8,00 \times 0,39 \text{ (pour 40)}} =$ 0m,29, à — de 0,01 près.

662. — R. Volume $= 0,09 \times 0,06 \times 6,25 \times 2450 =$ 82st,687.

663. — R. Valeur $= 0,45^2 \times 14,75 \times 90 =$ 268fr,83.

664. — R. Cube march^d^ $=$ 0,39 (pour 40) × 0,27 (pour 29) × 12,25 (pour 12,35) = 1st,290.

665. — R. Cube march^d^ $= 0,24 \times 0,36 \times 7,25 \times 10 =$ 6st,264.

666. — R. Longueur march^de^ = 10m,50.

667. — R. Équarrissage march^d^ = 0m,39 sur 0m,30.

668. — R. Longueur $= \frac{1,890}{0,42 \times 0,30} =$ 15m,00.

669. — R. Équarrissage $= \sqrt{\frac{0,926}{8,50}} =$ 0m,33.

670. — R. Valeur = 0m,72 × 0,36 × 2,50 × 112,00 = 72fr,58.

671. — Erratum au problème 671. Ajoutez à la fin : *à raison de 80 fr. le stère ?*
R. Elle vaut 0,20 × 0,15 × 18,00 × 80 = 45fr,36.

§ 60. Problèmes sur le cubage des Bois en grume (*No 287*).

Modes pratiques de cubage.
- 1° au 1/4 sans déduction,
- 2° au 1/4 déduit,
- 3° au 1/5 déduit,
- 4° au 1/6 déduit,
- 5° au 1/10 de la somme des 2 circonférences,
- 6° au 1/12 déduit.

672. — R. Circ. moy^e $= \frac{2,15 + 1,63}{2} = 1^m,87$, en négligeant la fraction de 3 centimètres.

673. — R. Circ. moy^e $= 0,54 \times 3,14 = 1^m,69$.

674. — R. Circ. moy^e $= 2,45$ — le 1/12 de $2,45 = 2^m,24$.

675. — R. Circ. moy^e $= 3,96$ — le 1/6 de $3,96 = 3^m,30$.

676. — R. Cube march^d $= \left(\frac{2,40 \times 3}{16}\right)^2 \times 8,15 = 1^{st},650$.

677. — De la formule générale de ce mode de cubage, on déduit :

$$\text{R. Circ. moy}^e = \frac{\sqrt{\frac{4,082}{14}} \times 16}{3} = 2^m,87.$$

678. — R. Longueur $= \frac{1,296}{\left(\frac{2 \times 3}{16}\right)^2} = 9^m,21$.

679. — R. Cube $= \left(\frac{(2,09 + 1,54) : 2}{4}\right)^2 \times 6,50 = 1^{st},170$.

680. — R. Circ. moy^e $= \sqrt{\frac{2,778}{7}} \times 4 - 2^m,51$.

681. — Erratum au problème 681. Au lieu de *12^m,00 de longueur,* lisez : *2^m,00 de circonférence.*

R. Longueur $= \frac{7,301}{\left(\frac{2}{4}\right)^2} = 29^m,25$.

682. — R. Cube $= \left(\frac{3,12}{5}\right)^2 \times 23,25 = 8^{st},937$.

683. — R. Circ. moy^e $= \sqrt{\frac{2,916}{10}} \times 5 = 2^m,69$, en négligeant la fraction de 3 cent.

684. — R. Longueur $= \frac{5,4}{\left(\frac{3}{5}\right)^2} = 15^m,00$.

685. — R. Cube march^{d} $= \left(\frac{2,35 \times 5}{24}\right)^2 \times 11,50 = 2^{st},761.$

686. — R. Circ. moy^{e} $= \frac{\sqrt{\frac{9,800}{20}} \times 24}{5} = 3^{m},36.$

687. — Erratum à la 1re formule de la Remarque IV, page 190 du *Formulaire*. Au lieu de $\left(\frac{circ.}{24}\right)^2$, lisez : $\left(\frac{5\ circ.}{24}\right)^2$.

R. Longueur $= \frac{7,840}{\left(\frac{3,36 \times 5}{24}\right)^2} = 16^{m},00.$

688. — R. Cube $= \left(\frac{2,90 \times 11}{48}\right)^2 \times 18,50 = 8^{st},058.$

689. — R. Circ. moy^{e} $= \frac{\sqrt{\frac{1,011}{7}} \times 48}{11} = 1^{m},66.$

690. — R. Longueur $= \frac{2,094}{\left(\frac{1,66 \times 11}{48}\right)^2} = 14^{m},50.$

NEUVIÈME PARTIE.

JAUGEAGE ET TONNAGE.

§ 61. Problèmes sur le jaugeage des Tonneaux (*N° 294*).

Formule générale : $C = \frac{\left(\frac{2Db + Df}{3}\right)^2 \times 3,14 \times L}{4}.$

Nota. — Les résultats représentant la capacité devront être multipliés par **1000**, par **100** ou par **10**, suivant que l'on voudra des litres, des décalitres ou des hectolitres.

691. — R. Capacité $= \frac{\left(\frac{0,62 \times 2 + 0,55}{3}\right)^2 \times 3,14 \times 0,72}{4}$ [= 197 litres.

692. — Erratum au problème 692. Après $0^{m},90$, ajoutez : *de diamètre au bouge.*

R. Capacité $= \frac{\left(\frac{0,90 \times 2 + 0,80}{3}\right)^2 \times 3,14 \times 1,05}{4} = 610$ litres.

693. — Erratum à la page 196 du Formulaire, 11e ligne. Au lieu de $\frac{16}{21}$, lisez : $\frac{21}{16}$.

R. 1° Longueur $=$ les $\frac{21}{16}$ de $0{,}54 = 0^m{,}71$, à — de 0,01 près.

2° D. du bouge $=$ les $\frac{8}{9}$ de $0{,}54 = 0^m{,}61$, d°

694. — R. 1° Longueur $= \frac{7}{6}$ de $0{,}70 = 0^m{,}81$.

2° D. du fond $= \frac{8}{9}$ de $0{,}70 = 0^m{,}62$.

695. — R. 1° Diam. du bouge $= \frac{6}{7}$ de $1{,}50 = 1^m{,}28$.

2° Diam. du fond $= \frac{16}{21}$ de $1{,}50 = 1^m{,}15$.

696. — On a d'abord pour le Diam. du bouge les $\frac{6}{7}$ de $2{,}40 = 2^m{,}06$, et pour le Diam. du fond les $\frac{16}{21}$ de $2{,}40 = 1^m{,}83$. Donc,

$$\text{R. Capacité} = \frac{\left(\frac{2{,}06 \times 2 + 1{,}83}{3}\right)^2 \times 3{,}14 \times 2{,}40}{4} = 7386 \text{ litres.}$$

697. — On a d'abord pour le diamètre du bouge 0,74, et pour la longueur $0^m{,}87$. Donc,

$$\text{R. Capacité} = \frac{\left(\frac{0{,}74 \times 2 + 0{,}66}{3}\right)^2 \times 3{,}14 \times 0{,}87}{4} = 344 \text{ litres.}$$

698. — Erratum au problème 698. Au lieu de *0m,725*, lisez : *0m,288*.

$$\text{R. Longueur} = \frac{182 : 1000}{0{,}288^2 \times 3{,}14} = 0^m{,}70.$$

$$\textbf{699.} \text{ — R. Rayon moyen} = \sqrt{\frac{3004 : 1000}{1{,}82 \times 3{,}14}} = 0{,}73.$$

700. — On trouve d'abord pour les 2 diamètres $2^m{,}58$ et $2^m{,}13$, et, par suite pour le diamètre moyen $\frac{2{,}58 \times 2 + 2{,}13}{3} = 2^m{,}43$, soit pour le rayon moyen $1^m{,}21$. Donc,

$$\text{R. Longueur} = \frac{13847 : 1000}{1{,}21^2 \times 3{,}14} = 3^m{,}00.$$

$$\textbf{701.} \text{ — R. Capacité de chaque tonneau} = \frac{\left(\frac{0{,}84 \times 2 + 0{,}69}{3}\right)^2 \times 3{,}14 \times 1{,}27}{4} = 622 \text{ litres.}$$

702. — On a d'abord pour le diamètre du bouge intérieurement $\frac{2,13}{3,14} - 0,01 \times 2 = 0^m,66$, et, par suite, $0^m,77$ pour la longueur et $0^m,59$ pour le diamètre du fond. Donc,

$$\text{R. Capacité} = \frac{\left(\frac{0,66 \times 2 + 0,59}{3}\right)^2 \times 3,14 \times 0,77}{4} = 247 \text{ litres.}$$

§ 62. Problèmes sur le Jaugeage des Navires (*N° 295*).

Formule générale pour un navire à un pont :

$$\text{Tonnage} = \frac{\text{Long.} \times \text{Larg} \times \text{Prof.}}{3,80}.$$

Formule générale pour un navire à 2 ponts :

$$\text{Tonnage} = \frac{\frac{\text{Long.} + \text{long.}}{2} \times \text{Larg} \times (\text{Prof.} + \text{prof.})}{3,80.}.$$

703. — R. Tonnage ou Capacité $= \frac{52,30 \times 9,05 \times 5,85}{3,80}$ $[= 728^{Tx}\ 65/100$.

704. — R. Capacité $= \frac{\frac{62,20 + 55,40}{2} \times 9,95 \times (7,00 + 2,20)}{3,80}$ $[= 1416^{Tx}\ 46/100$.

705. — R. Tonnage $= \frac{62,50 \times 10,20 \times 6,10}{3,80} = 1023^{Tx}\ 36/100$.

706. — R. Longueur $= \frac{168,42 \times 3,80}{5 \times 4} = 32^m,00$.

707. — R. Largeur $= \frac{227,36 \times 3,80}{40 \times 4} = 5^m,40$.

708. — R. Profondeur $= \frac{198,94 \times 3,80}{36 \times 5} = 4^m,20$.

709. — R. Longueur $= \frac{1986,84 \times 2 \times 3,80}{10 \times (7,50 + 2,50)} - 71^m,00 = 80^m,00$.

710. — R. Largeur $= \frac{1564 \times 2 \times 3,80}{(66,50 + 59,50) \times (6,90 + 2,30)} = 10^m,25$.

711. — R. Profondeur $= \frac{1501,50 \times 2 \times 3,80}{(70,20 + 61,80) \times 9,50} - 2^m,20 = 9^m,10$.

§ 63. Problèmes sur le Tonnage des Marchandises au Poids (*N° 299*).

Formule générale : $\text{Tonnage} = \dfrac{\text{Poids}}{\text{Tarif}}$.

712. — R. $\text{Tonnage} = \dfrac{35748}{900} = 39^{\text{Tx}}\ {}^{72}/_{100}$.

713. — R. $\text{Tonnage} = \dfrac{42 \times 200}{250} = 336^{\text{Tx}}$.

714. — R. $\text{Tonnage} = \dfrac{4175}{900} = 4^{\text{Tx}}\ {}^{64}/_{100}$.

715. — R. $\text{Tonnage} = \dfrac{654}{800} = 0^{\text{Tx}}\ {}^{82}/_{100}$.

716. — R. $\text{Nombre de tonneaux} = \dfrac{7538}{350} = 21^{\text{Tx}}\ {}^{54}/_{100}$.

717. — R. Poids $= 21{,}53 \times 300 = 6459$ kilog.

718. — R. Poids $= 42{,}50 \times 900 = 38250$ kilog.

719. — Erratum au problème 719. Au lieu de *un quintal métrique*, lisez : *dix quintaux métriques*.

R. $\text{Tonnage} = \dfrac{8745}{1000} = 8^{\text{Tx}}\ {}^{74}/_{100}$.

720. — R. $\text{Tarif} = \dfrac{4050}{4{,}50} = 900$ kilog.

§ 64. Problèmes sur le Tonnage des Marchandises au Volume (*N° 300*).

Formule générale : $\text{Tonnage} = \dfrac{\text{Volume}}{1{,}44}$.

721. — R. $\text{Tonnage} = \dfrac{14{,}574}{1{,}44} = 10^{\text{Tx}}\ {}^{12}/_{100}$.

722. — R. $\text{Tonnage} = \dfrac{1{,}60 \times 0{,}50 \times 0{,}40 \times 10}{1{,}44} = 2^{\text{Tx}}\ {}^{22}/_{100}$.

723. — R. $\text{Tonnage} = \dfrac{32{,}300}{1{,}44} = 22^{\text{Tx}}\ {}^{43}/_{100}$.

724. — R. $\text{Tonnage} = \dfrac{6{,}50 \times 1{,}80 \times 1{,}05}{1{,}44} = 8^{\text{Tx}}\ {}^{53}/_{100}$.

725. — R. Volume $= 6 \times 1{,}44 = 8^{\text{m.cub}},640$.

726. — R. Volume $= 0{,}17 \times 1{,}44 = 0^{\text{m.cub}},244\ 800$.

727. — ERRATUM au problème 727. Au lieu de *2m,500*, lisez *2m,045*.

R. Tarif $= \frac{2,045}{1,42} = 1,44$.

§ 65. Problèmes sur le Tonnage des Marchandises à l'encombrement (*No 301*).

Formule générale : Tonnage $= \frac{\text{Nombre d'unités}}{\text{Tarif}}$.

728. — R. Tonnage $= \frac{250}{15} = 16^{Tx}\ 66/100$.

729. — R. Tonnage $= \frac{32^{m.cub},570 \text{ ou } 32570 \text{ litres}}{300} = 108^{Tx}\ 56/100$.

730. — R. Tonnage $= \frac{154}{250} = 0^{T}\ 62/100$.

731. — Nombre de chaises $= 23,50 \times 12 = 282$.

732. — *Nota.* — Consultez, pour cette solution et la suivante, l'observation placée vers la fin du ***No 301 du Formulaire.***

R. Volume $= \frac{24,35 \times 11}{29,18} = 9^{m.cub},213$.

733. — *Nota.* — Voyez le *Nota* précédent.

R. Tonnage $= \frac{19,200 \times 29,18}{11} = 50^{Tx}\ 93/100$.

734. — R. Tarif $= \frac{28740}{23,95} = 1200$.

735. — R. Tarif $= \frac{225 \times 45}{11,25} = 900$.

REMARQUE. — Beaucoup d'expressions arithmétiques auraient pu être simplifiées dans les Solutions. Mais, pour l'intelligence de la Réponse, nous y avons généralement laissé toutes les données nécessaires aux calculs.

NOTA. — *Voir la page suivante, pour les* Errata.

ERRATA.

Problème **45**, à la réponse, au lieu de *25ᵐ,27,* lisez : *24ᵐ,93.*

Problème **46**, à la réponse, au lieu de *10ᵐ,00,* lisez : *100ᵐ,00.*

Problème **51**, au § 1°, au lieu de $\sqrt{20^2 - 8{,}15^2} = 15^m{,}28$, lisez : $\sqrt{20^2 - 8{,}25^2} = 18^m{,}22$.

Problème **73**, à la réponse, au lieu de $\sqrt{\frac{1030{,}41}{2}} = 22^m{,}69$, lisez : $\sqrt{1030{,}41 \times 2} = 45^m{,}38$.

Problème **78**, 1° après *l'hypoténuse,* à la fin, ajoutez : *et qui est le 1/4 du carré.* 2° à la réponse, au lieu de $\frac{3{,}45^2}{2} = 5{,}9517$, lisez : $\frac{3{,}15^2 \times 4}{2} = 3{,}45^2 \times 2 = 23^{\text{m.car}}{,}80\,50$.

Problème **85**, à la réponse, au lieu de $\frac{419{,}09}{2} = 206{,}0450$, lisez : $(\sqrt{419{,}09 \times 2})^2 = 419{,}09 \times 2 = 824^{\text{m.car}}{,}18$.

Problème **87**, au lieu de $\frac{119{,}5056}{33{,}5241} = \frac{1.195.056}{335.241}$ lisez : $\frac{536{,}3856}{33{,}5241} = \frac{5.363.856}{335.241}$.

OBSERVATION.

Au *Formulaire de Géométrie,* surtout au chapitre des Problèmes, il s'est glissé quelques erreurs qui n'ont pas été aperçues assez à temps pour être relevées aux *errata* de ce livre. Mais elles ont été signalées avec la rectification à leur N° respectif, au présent livre des *Solutions.*

Nantes, Imprimerie-Librairie-Lithographie A. Guéraud et Cie, quai Cassard, 5.

On trouve a la même Librairie :

LE FORMULAIRE DE GÉOMÉTRIE PRATIQUE

Du même Auteur,

A L'USAGE

DES ÉTABLISSEMENTS PRIMAIRES, DES ÉCOLES NORMALES,
DES COLLÉGES ET DES LYCÉES,

POUR LES CLASSES { PRÉPARATOIRES A LA GÉOMÉTRIE, DE GÉOMÉTRIE, DE DESSIN LINÉAIRE ET D'ARCHITECTURE, D'ARPENTAGE ET DE COMMERCE,

RENFERMANT

1° La définition et le dessin des principales figures géométriques, avec des remarques et des applications à l'appui : **142 FIGURES** et dans le texte;

2° Les **RÈGLES** et les **FORMULES** relatives à la plupart des chapitres indiqués à la table des matières, par exemple :

1° **Mesure** des surfaces planes et des surfaces courbes;
2° **Stéréométrie**, ou mesure du volume des solides réguliers et irréguliers;
3° **Dimensions** des surfaces et des solides réguliers;
4° **Cubage** des bois équarris et des bois en grume;
5° **Jaugeage** des tonneaux et des navires;
6° **Tonnage** des marchandises;
7° **Théorie** et **Construction** de l'Échelle de Proportion;
8° **Construction** (2 procédés) d'un Plan géométral sur des mesures réduites;
9° **Litre**, **Stère**, **Conversion** des surfaces, **Construction** des surfaces semblables, etc., etc.

NOTA. Toutes les formules sont immédiatement appliquées à des problèmes.

3° Enfin, **65 séries** de **PROBLÈMES** géométriques, pour la plupart d'un nouveau genre, sur toutes ces parties, indépendamment des problèmes qui accompagnent les formules, en tout plus de **800 problèmes**;

Prix : cartonné.................... 4 fr. »».

Nantes, Imprimerie-Librairie-Lithographie A. Guérand et Cie, quai Cassard, 5.

www.ingramcontent.com/pod-product-compliance
Lightning Source LLC
LaVergne TN
LVHW020045170826
845678LV00001B/442
9782329690223